U0178820

发酵设计师的主要工作以手工坊为原点。照片为我们与小朋友边唱边跳《味噌之歌》的场景。这首歌的旋律简单易记、歌词朗朗上口，舞蹈动作可爱，所以很快在全国流行起来。《味噌之歌》还受到地方食育项目工作人员的青睐，他们还制作了绘本，并在 2014 年获得最佳设计奖项

《味噌之歌》的绘本

《味噌之歌》的后续动画片。我们在教大家制曲时偶尔会拿来当作教材使用。看过这部动画片，连小朋友也可以边唱边跳就学会制曲

这部动画片的录音是在本书第五章提到的寺田本家的制曲室完成的。从全国各地而来的酿造家和开发设计师齐聚一堂，开心地录制了这首愉快的歌曲

我们举办完手作味噌兴趣班之后，还开设了关于味噌制作原料——曲的手工坊。参加者们通过自己的双手培养曲菌，生动而有趣。自从2015年1月开设，两年间我们一共举办了80多次活动，近1000人参加

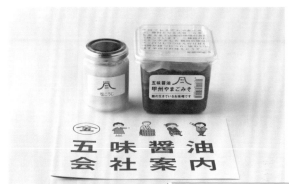

作为设计师开始工作后，酿造五味酱油（第五章将会详细介绍）是我接到的第一个工作。也是从这次酿造开始，我进入了微生物的世界

我们参与了山形县鹤冈市的老铺果子店木村屋的新商品——"瓦片巧克力"的企划。这是一种由日本酒和酒粕混合而成的发酵巧克力。包装设计上借用了鹤冈市的乡土玩具"瓦片人偶"。2015 年发售之后，成为当地的招牌商品，深受男女老幼的喜爱

上图是 2016 年我们以长野县木曾町的发酵文化为主题制作的动画片。在这部动画片中，你可以了解到在本书中出现的腌红芥菜、味噌，以及日本酒等独具当地特色的饮食文化

酒会和现场音乐带来的美妙氛围！

这里是聚集了山梨县所有发酵产品的发酵物产展。我们与第五章出现的"五味仁先生"以及当地的酿造家们，一同在 2011 年至 2013 年间连续举办了三年展览

这是一次邀请全国的酿造家们一起参加的研讨会。大家在一起讨论发酵，深入发掘发酵文化的无穷奥秘。2013年我们在东京表参道"かぐれ"选品店中参加特产品展会后，2017年我们迎来了五周年纪念日

听听来自酿造家的真心体会！

以在"かぐれ"选品店举办的研讨会为契机，我们随后在山梨县 YBS 广播电台成立了首档讨论发酵的节目。五味酱油的兄妹俩和我作为主持人，每期都会邀请全国各地的酿造家来到我们的节目讨论有关发酵文化的有趣知识

我们在讲座中，不仅教大家如何做面包或曲之类的发酵产品，还会教大家如何操作显微镜，并且与有意愿学习微生物学基本知识的朋友一起搭建 DNA 模型等。这是可以边动手边学到知识的手工坊形式

在本书中出现的位于山梨县的酒庄"旭洋酒"和"若尾果园葡萄酒",就在我家附近

于二战前就开设的山梨县葡萄酒厂

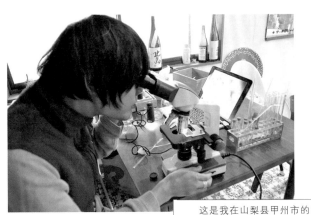

这是我在山梨县甲州市的"发酵实验室"的一角。虽然所有的用具基本都是我自己做的，但在这个小小的实验室中还是可以做一些菌的分离和观察简单实验。之后我会重新改造这个实验室，让它更加专业

这就是五味酱油的味噌窖。我就是在这里，被微生物呼唤进入它们的世界

2016 年的夏天，我们在匈牙利的布达佩斯和英国的德文郡也开设了发酵食品手工坊。当然，大家也一起跳了舞，比想象的还要快乐

发酵文化人类学

从微生物的角度看人类社会

発酵文化人類学

微生物から見た社会のカタチ

[日]小仓拓 著

小倉ヒラク

王彤 译

GUANGXI NORMAL UNIVERSITY PRESS

广西师范大学出版社

·桂林·

发酵文化人类学

FAJIAO WENHUA RENLEIXUE

発酵文化人類学（Hakkō Bunka Jinruigaku）by Ogura Hiraku
© 2017 Ogura Hiraku
Originally published in 2017 by KIRAKUSHA, Inc., Tokyo
This simplified Chinese edition published 2024
by Guangxi Normal University Press, Guilin
by arrangement with Zhejiang Publishing Tokyo Co.,Ltd., Tokyo

图书在版编目（CIP）数据

发酵文化人类学：从微生物的角度看人类社会 / （日）小仓拓著；王彤译. -- 桂林：广西师范大学出版社，2024.2
ISBN 978-7-5598-6506-9

Ⅰ．①发… Ⅱ．①小… ②王… Ⅲ．①微生物－发酵－历史 Ⅳ．①TQ92

中国国家版本馆 CIP 数据核字（2023）第 211364 号

广西师范大学出版社出版发行

（广西桂林市五里店路 9 号　邮政编码：541004）
（网址：http://www.bbtpress.com）

出版人：黄轩庄
全国新华书店经销
广西昭泰子隆彩印有限责任公司印刷
（南宁市友爱南路 39 号　邮政编码：530001）
开本：787 mm × 1 092 mm　1/32
印张：11.25　　插页：4　　字数：220 千
2024 年 2 月第 1 版　　2024 年 2 月第 1 次印刷
印数：0 001~6 000 册　　定价：68.00 元

如发现印装质量问题，影响阅读，请与出版社发行部门联系调换。

目 录

CONTENTS

绪　论

向发酵的世界，出发！

各位亲爱的读者，大家好。我是发酵设计师小仓拓[1]。

"发酵设计师？这是什么职业？"

大家一定会有这样的疑问吧。

发酵设计师，是我们肉眼看不到的微生物世界里的领路人。我们的生活离不开微生物，虽然大家很难发现，但我们这些"布道者"，可以将从日本到世界所见所识的不可思议的发酵文化分享给大家。

"如何分享呢？"

我这么想着，于是写了这本书。

最近，"发酵"这个词好像很受商家追捧，我们也经常在广告或者杂志中看到。通常，商家从"美味""健康"等侧面来介绍"发酵"这个过程，但如果从文化发展的角度来解析，这将会是一段充满奥妙的旅程。比如，从文化的角度来研究日

1　作者日文原名为小仓ヒラク。——译者

本人经常食用的发酵食品——味噌，你可以发现日本各地农业的发展历程；从生命科学的角度探索酸奶对身体好的原因，你还会发现我们肠道菌群生命的奥秘。

如果把一个个"发酵的秘密"分享给大家，大家便有机会认识原本没有被觉察到的微生物朋友们。

如果从"微生物的视角"来观察这个世界，人类社会也会变得不一样。

通过阅读这本书，你不仅可以了解发酵的科学过程，还可以从微生物和人类的关系、我们长年培育起的生活方式的文化深度，以及日本人如何跟自然相处等角度来探索发酵的秘密。当然，你也可以从人类认知系统的角度了解到日本人是如何感受美味和美好的事物的。

文化的本质是隐蔽的。而肉眼不可见的微生物作为自然界里的信使，将这些文化的"秘密"悄悄讲给我们听。如果透过微生物的眼睛看人类社会，我想应该是一幅"发酵体人类"[2]愉快地围坐在餐桌前吃饭的景象吧。

2　原文是"*Homo Fermentum*"，作者以此调侃微生物将人类看作发酵菌群。——编者

"发酵文化人类学"是什么？

开始这一节之前，请允许我先给"发酵文化人类学"下个定义（因为这是我自创的词语）。

我在大学学习的是"文化人类学"。十八九岁时，我对背起行囊环游世界，接触各地不同的文化十分着迷。对于那个背包客少年来说，"文化人类学"是可以解答"为什么世界上有这么多不同的文化"的一门学科。

文化人类学家们游历于荒远偏僻之地，收集古玩器具，研究当地节日、刺青，以及建筑中使用过的图案，并将它们复刻收藏起来。旅行结束，他们会在自己的书房中对收集来的素材进行分类分析，破解这些具体的物件、图案背后的"文化密码"……这便是我憧憬的生活，也正是对这种生活的憧憬和向往给了我背着背包一路探寻的勇气。

时光荏苒，我仍穿梭于穷乡僻壤，从各地收集味噌、酒酿、酿造用的器具和酒窖墙皮的碎片这类物件，然后回到家没日没夜地在显微镜里寻找里边藏着的微生物的秘密。这就是我现在的身份——一名发酵设计师兼发酵研究者。

"欸，这不是和大学时我做的文化人类学研究很像吗？"

这样想着我便把"发酵"和"文化人类学"这两个看起来没有任何联系的学科整合了一起。不过单纯从这两门学科的角度看，无论是发酵学科，还是文化人类学学科，都是需要触类旁通的。

发酵是"生命工程学和社会学的交融"。比如酿酒这个过程，可以用化学式解释的部分就是生命工程学；而"为什么不同的人有不同的口味偏好"这些化学式无法解释的部分，则属于社会学。

文化人类学也是一样的道理。文化人类学家将收集到的各种古玩器具、民间传说进行分解，对共通的地方进行整合分析，最后体系化的过程就是信息工程学；而在探寻为什么人类发展出如此多样的文化时，文化人类学家需要具备超越现有数据的想象力和假说能力，这便属于社会学范畴了。

具体来说，"发酵文化人类学"就是从具象的物体开始，运用抽象的方法整合、总结规律，以打开"世界奥秘"之门。要打开这扇门并非易事，还需要感性的创新力、开阔的视野和针对具体问题具体分析思考的能力。

"从学习文化人类学开始，利用设计师的想象力和创新力，走向探索发酵奥秘的微生物世界……"这难道不是为我量身定做的职业吗？所以，每当在不同地方看到有趣的发酵食品或微生物时，我就会进入研究模式，心想："我现在是一名发酵文化人类学家了！"

说到现在，我们暂且可以为"发酵文化人类学"确定一个定义了。

发酵文化人类学是"通过发酵科学，发现并解答人类社会

（箭头上）通过发酵科学，解答人类社会的疑问
（箭头下）发酵文化人类学

生活中隐藏的文化和技术疑问的一门学问"。

　　如同大家所知道的，"生命工程学"是一门研究如何应用生物技术的学科。我们所说的"发酵文化人类学"也一样，我们并不是要创造或者开发一门新的技术，而是在观察现有的技术和事物时，加入文化和历史的视角。换句话说，我们想给大家分享的，不是技术，而是一个新的视角。

我在成为发酵设计师之前

　　"为什么给自己起'发酵设计师'这么个名字呢?"

　　刚认识的人常向我问起这个问题。我总是图省事地回答："欸，还不就是对微生物比较感兴趣嘛。"这次趁这个机会，我也把事情的来龙去脉好好给大家解释一下。

　　我在大学时代是狂热的背包旅行爱好者，所以在学生生涯将要结束之际，我决定休学一年前往法国给我的背包客生活画上一个完满的句号。那时我住在有"美丽城"之誉的巴黎东部移民街区学习美术。那条街上居住着从非洲、亚洲以及东欧等地移民而来的外国人。我在这样多元文化交流的环境中度过了快乐而热闹的一年（我将会在第五章讲述在那里的见闻）。回国之后，因为错过日本的就业季，落得毕业即失业的"下场"。就在每天游手好闲的时候，倚仗着自己在法国学习了些绘画技能，我被一家化妆品公司收留，做插画和设计之类的工作。之后我慢慢成长为一名可以独当一面的设计师，并筹建了自己的事务所，那一年我25岁。现在想想当年没有和大多数毕业生一样忙着找工作，而是选择去巴黎学习美术，或许是我人生的转机。一生所有的经历都是财富啊！

　　在我还是无业游民的时候，我相信——年轻就该有做不完的事。我每天画画到深夜，还经常和朋友玩通宵……终于，有一天早上，我好像突然变成了一具僵尸，动弹不得。我试着站起来，可只感到头晕目眩；试着出门，也只感到耳边的风声、雨声大得吓人……我好像突然无法控制自己的身体了……丧失味觉，脑子也完全无法运作。那段时间真是痛苦得要命，小时候得过的哮喘和异位性皮炎也乘虚而入，搞得我晚上总是因为咳嗽无法入眠，脖子和关节处的皮肤干燥得大片脱落……

那时，幸好遇到了山梨县味噌老铺家的小女儿（也是我在化妆品公司的同事）和她大学时的恩师这两位贵人。味噌老铺家小女儿的恩师名叫小泉武夫[3]，是研究发酵学的学者。在我去拜访小泉老师时，老师一见我的脸，便对我说："你这是免疫不全症。好好回去喝味噌汤！多吃纳豆和泡菜才行！"

老师用近乎生气的语气好好给我上了一课。

之后，我听从老师的建议每天吃发酵食品。让我惊讶的是，我早上起来时的体温低和血压低的症状渐渐减轻了，哮喘和异位性皮炎的发作次数也变少了。

从那以后我对发酵学产生了浓厚的兴趣，我买来小泉老师的著作——《有趣的发酵学》拜读，并受邀拜访了味噌老铺家小女儿故乡的味噌工厂。

那是位于山梨县的一处味噌酿造工厂，那里空气凉凉的，让人感觉很舒服。我面对着摆满了巨大木桶的窖场，出了神……

"小拓，能听到吗，我们是发酵菌啊！我们啊，想拜托你把我们介绍给你们人类，你可以来我们的世界看看吗？"

3　日本发酵学学者，因著有大量与饮食相关的书籍而闻名。老师也是带领我进入发酵世界的领路人，但他一定已经不记得我这个学生了。——作者（后文未作特别说明的注释，均为作者注。——编者）

　　我好像听到了微生物们在和我说话。(或许是错觉，但人对一件事着迷时总能感知到常人无法感知到的东西吧。)

　　我循着那声音，就这样开始了发酵设计师的工作。开头我只是做味噌产品的设计宣传工作，之后我在发酵界变得小有名气，应邀辗转于全国各地的红酒窖、啤酒窖，以及酱油窖，参与他们产品的设计工作，获得了前所未有的成功。坊间也给了我一个"设计师中的发酵学者"的称号。

　　"到这个程度，好像不好再说自己只是个普通的设计师了……从现在开始，好像不得不认真地考虑进入微生物的世界，好好研究一番了。"

　　我这样想着，暗自下决心——"我是一名发酵设计师。这辈子只做发酵相关的设计工作就好了。"那是2014年，之后我把自己之前在化妆品公司做设计师的工作放下，在年过30岁时考入东京农业大学酿造科，正式开始微生物学的研究学习。我想就是在这个时候，世界上便诞生了"发酵设计师"这个独一无二的职业吧。

向发酵的世界，出发!

　　"挂着个这样小众的名头，真的有工作做吗?"

　　我身边的朋友也曾经担心过我，但我自己心中有数。

　　其实发酵产业有巨大的市场。单就日本来说，光食品产业就有5万亿日元左右的市场，如果加上医药产业和环境技术产业，总值怎么也超过10万亿日元了。这在日本可是与房地产产业都可以匹敌的市值了。在这样巨大的市场中，有发酵知识的新型设计师可能只有我一人，这还怕没有工作吗？对我来说，研究微生物的世界，就像是在显微镜下淘金矿。自从我自己下定决心要做"发酵设计师"之后，便有连我自己都没想到的大量订单纷至沓来。有的来自肩负振兴城乡产业大任的政府官员，有的来自不知道如何跟大家介绍发酵类产品的企业家，也有的是大学里生物专业或者设计专业的学生进行的合作项目……总之从产品包装到宣传网页、新媒体等，我的工作已经超出了传统设计师工作的范畴。作为发酵设计师，可以说我的工作50%是研究者的工作，50%是介于技术和文化之间的传播者的工作。我就这样以自己的专业服务我的客户。这个世界上真是有各种各样的需求呢！

另外，因为发酵文化是地方文化的一部分，所以订单大多来自东京以外的小地方，甚至农村、渔村。我面对的发酵产品可能来自平原、山谷、河流、海洋，要为这些来自不同背景的地方产品做代言，必须了解当地的风土人情、人文历史和地质知识才行。

聪明的读者现在可能意识到了，在调查当地民情文化时，我大学所学的文化人类学的方法论便可以派上用场。比如，去当地的乡土博物馆收集资料时，或者和村里的长者聊天时，又或者去酿造工厂查看生产过程时，我在大学学习的现场调查的知识可是帮了大忙。

这么说来，我在做着发酵设计师工作的同时，可能还实现了年轻时自己想做文化人类学家的梦想呢。

有关我自己的经历已经为大家解释了大半，接下来是我写这本书的一些缘由。

当我辗转于各地收集有关发酵的情报时，我习惯将自己的见闻以博客的形式记录并放到网络上。一些杂志和网络媒体的编辑看到这些内容，纷纷找到我，想邀请我在一些食品或者乡土文化类的杂志上登载相关的文章或纪事。有不少当地的政府职员或者食品相关的从业者看到这些文章，也想着我能帮忙宣传一下他们的产品，于是每天从各地发来的邀稿不断——"我们这儿有很好的发酵食品，您不来尝试一下吗？""好好！没问题！""好呀！我一定去！"不知不觉我好像离设计师的工作越来越远，变得简直像民俗学大家宫本常一（有点夸张了）一样，每天辗转于各地观察、发掘发酵相关的文化并进行记录。

文化人类学、美术、设计、发酵……这些我在路上捡到的珍珠，组成了我人生重要的一部分。而这一切都源于在味噌工厂和微生物们的那次对话。我仿佛循着微生物的指引，慢慢走进一个未知的世界，作为一个文化人类学者探索着微生物的秘密世界。

这本《发酵文化人类学》就是一本调查笔记，我用设计师的手从全国各地拾取宝贝，用发酵学家的眼睛进行观察，然后用人类学家的头脑由表入里挖掘它们的深层文化含义。我的人生就是在兜兜转转中学习各种各样的知识和技术，然后像一名"手作人"[4]一样一件一件制作着登山道具。我循着前辈走过的路而来，但期待在未来可以登得更高、看得更远。

　　几千年来，发酵这座险峻美丽的山峰吸引着人类研究者纷至沓来，现在就让我们向着山顶，出发吧！

出发吧！

本书的阅读指南

　　这本书通过发酵来深入发掘人类文化历史，是目前少有的关于"发酵文化"的图书，但是它既不是发酵学的入门书，也

　　4　出自法语词"bricoler"，指利用简单的道具制作日常所需用品的人。

不能说是文化人类学的专业书。我作为本书的写作者，想在您开始阅读时提醒您，您从本书可以获得的和不能获得的内容。

可以获得的内容：

一、了解发酵文化的乐趣；

二、大概了解文化人类学中主要的研究课题；

三、间接加深对人类的起源和认知构造的认识。

无法获得的内容：

一、发酵学体系化的学习；

二、文化人类学体系化的学习；

三、发酵食品的保健功能和美容效果的科学原理。

也就是说，本书并不是什么入门书，也没有按照教科书式的写法系统阐明任何一种学科知识，它只是对发酵食品一部分的制作工艺和过程进行解释。简单来说，它是一本休闲类科普读物。

我们会从发酵和文化人类学的角度，讲解一些生物学和遗传学的基础知识，宗教、设计、艺术等话题我们也会涉及。在这本科普读物中，我们将以说故事的方式和大家分享。

当然，您也可以将它作为一本作者在人类和微生物世界间游历时所写的游记来读。

总之，您可以按自己喜欢的形式来阅读本书，也可以赋予这些故事自己的理解。

专栏　1

发酵，究竟是怎么一回事?

"如果要在盐煮大豆和味噌汤中选一个的话，你选择每天食用哪个?"

估计大部分的人会回答："当然是味噌汤了!"

但是，仔细想想，其实味噌汤和盐煮大豆的原料是一模一样的。那为什么味噌会因为独特的风味而深受日本人喜爱呢?

这其中的奥秘，便是微生物。它们在我们肉眼不可见的世界发挥力量，将我们的食物变得美味。

曲霉菌[5]，一种特殊的霉菌，它和大豆结合可以产生香味浓郁的味噌；酵母，它和葡萄结合可以产生醇香的葡萄美酒；乳酸菌，它和牛奶结合，则会产生爽口的酸奶。

像这样，人类借助微生物的力量生产美味食物的过程，就叫作"发酵"。

5　曲霉菌中有致病菌，也有用于发酵的菌种，书中谈及发酵，均指后者。——编者

发酵菌：所谓发酵，就是对人类有益的微生物的生命活动过程
杂菌：所谓腐败，就是对人类有害的微生物的生命活动过程

微生物——生物中的第三个类别

　　古典生物分类学将生物分为三类：需要四处移动摄取食物的动物类，不需要移动利用光合作用的自养型植物类，以及我们肉眼无法看见的微生物类。

　　发酵活动就是在微生物这第三个生物大类中，所产生的现象。

　　微生物，虽然我们肉眼看不到，却是地球上比动物和植物更加繁盛的族群。空气中、土地里，甚至我们的皮肤

上都生活着成千上万的微生物。它们中有像动物一样需要到处游走的异养型微生物，也有像植物一样利用光和氧气生存的自养型微生物，还有的微生物生存在没有光也没有氧气的地底和深海中，甚至环境更加恶劣的冰山和火山上。可以说微生物存在于世界上的每个角落，从南到北，从天上到地下，无处不在。

　　其中能走近人类，并为人类所用的只是极少的一部分微生物。这一部分便被称为"发酵菌"。发酵菌可以分为霉菌、酵母、细菌三类。

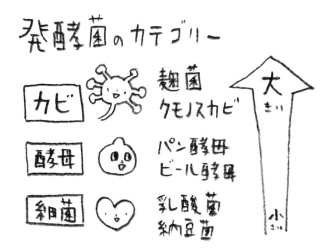

　　发酵菌的分类（从大到小分别是）霉菌类：曲霉菌、根霉菌；酵母类：面包酵母、酿酒酵母；细菌类：乳酸菌、纳豆菌

发酵文化——将微生物的力量释放出来的技术结晶

在过去，我们的祖先并没有冰箱来储存食材，而发酵技术可以防止食物腐败，帮助祖先们度过无数个寒冬和酷暑。从保存食品的技术角度，发酵技术有以下三个特点（以刚才讲的味噌为例）：

一、不会腐烂：水煮大豆放一周就会变馊，而通过发酵的味噌却可以保存数月。

二、有营养：味噌中富含优质的蛋白质、氨基酸以及多种维生素。

三、美味：味噌汤每天喝也不会腻，是日本人餐桌上不可或缺的一道美味汤食。

我们的祖先仔细观察着食物如何随时间变化，并从数以千计的发霉食物中发现并选择出非但不会使食物腐烂，反而还会让其变得更加醇香的微生物活动过程，并想方设法将其复刻保留，使之可以代代相传。这就是发酵文化的起源。

如果要对我们祖先的这一智慧结晶——"发酵"下一个最通俗易懂的定义的话，那就是"对人类有益的微生物的生命活动过程"。相反，如果要对硬币的另一面——"腐败"下定义的话，就是"对人类有害的微生物的生命活动过程"。也就是说，在微生物的活动中，对人类有益的是

发酵食品……
①不会腐烂
②有营养
③美味

发酵，对人类有害的是腐败。

　　通常情况下，我们会根据"唯物论"对一个事物下定义，但以上是基于"以人为中心的'唯心论'"下的定义。简单来说，所谓的"发酵"如果从唯心论的角度讨论的话，就如同"爱情只存在于陷入爱情的两个人中间"一样，"发酵则只存在于热爱美食、能发现发酵的乐趣的人中间"。

　　从生命工程学的角度看，发酵是普遍存在于生物界的自然现象。然而正如绪论所述，如果从"人的喜好"去看这个现象，就会发现哲学和人类文化学领域的一些奥妙。

　　这本书就是在科学和哲学、客观和主观、微生物世界和人类世界之间切换，从各种不同的角度发掘"发酵到底是什么"。那就让我们一起开始吧。

第一章

发酵中的人类文明

——我思发酵，故我在

开始发酵学的冒险吧！
欢迎来到发酵的世界！

本章概要

  第一章的主题是"人类和发酵的相遇"。

  我想我是在意识到微生物存在于我们人类世界时，脑中就有了"人类是在发酵中进化"的想法。毕竟在日本的创世神话中，就有"霉菌之神"的传说。

本章主要讨论

▷ 人类与发酵菌的相遇

▷ 曲的起源

▷ 发酵与神的关系

发酵中的人类文明

　　考古学上认为，无论是生活在寒冷的西伯利亚冰河地域的人类，还是生活在南美的亚马孙雨林的人类，都从智人进化而来。大约20万年前，非洲大陆上出现的智人大多靠狩猎和采集生活，他们以这样的方式渐渐走向欧亚大陆，并在大约6000年前，于地中海东部地区创造了美索不达米亚文明，在大约7000年前创造了古埃及文明。

　　在3000多年前的古埃及壁画中，有描绘将葡萄捣碎酿酒的场景，也曾发现大概是用盐腌渍鱼而保存食物的画面。这么说来，发酵的起源可以追溯到目前所知最古老的文明形成时期，甚至更早（人类的远古祖先已经饮着自酿的葡

纳赫特墓壁画局部

萄酒开派对了也说不定）。

又或许那时会有这样的故事。我们的祖先将刚刚收获的麦子堆放于仓库，不料发洪水，麦子被水浸泡，发现时已经噗噗冒泡了。这时，若是发现的人为了逃避追责，置之不理，过段时间仓库便会充满啤酒的香气；若是被一位勤俭持家的人发现，他或许会把麦子捞出来并沥干水分，放在火上熏烤，过一段时间便会有面包的香气飘散。

又或许，我们的祖先将从葡萄中榨出的果汁放置一段时间后，渐渐闻到了一些微妙的香甜气味，然后发现甜味渐渐消失，取而代之的是一些微酸且醇厚的独特味道。这可能就是最原始的葡萄酒酿造过程。

接下来我会对这些发酵的现象——进行解说。

麦子发芽后，在酵素[1]的作用下，麦粒中的含糖量会增高。这些糖分被酵母（出芽酵母[2]）这种微生物利用，产生酒精以及噗噗冒泡的二氧化碳气体。也就是说啤酒中绵密的泡沫和酒精，并不是啤酒厂在生产过程中添加进去的，而是出自微生物之手。

关于面包的制作过程，我用大家比较好理解的印度煎饼和印度馕来举个例子。两者都是印度料理中深受大家喜

1　有关酵素的原理，我将在专栏4进行详细解说。

2　发酵后可以产生乙醇的一种酿酒酵母。

爱的主食，印度煎饼比较薄，烤过之后还有点硬，印度馕同样是面粉揉制而成，烤出来却松软香甜。这是因为印度馕在制作过程中会使用酵母发酵，从而使得面团在烤制过程中释放二氧化碳气体，这就是为什么我们会看见馕中总是有很多鼓包。至于为什么食用同样用酵母发酵做成的馕却不会醉，那是因为通过高温烤制，其中的酒精已经蒸发掉了，只留下香甜的糖分。这就是为什么馕吃起来又香甜又松软的原因了。同样，简单地通过加热就可以做出来的松软香甜的面包，也是酵母菌[3]的功劳。

那葡萄酒又是怎么一回事呢？葡萄酒的酿造同样是酵母菌发酵的过程。葡萄的果皮上附着有很多野生的酵母菌，当葡萄成熟掉落地面时，果实破裂，葡萄皮上附着的酵母菌便会乘虚而入大口吸收葡萄果实中丰富的糖分，这时发酵便开始了（原理上同啤酒酿造是一样的）。至于为什么葡萄果汁清甜，而葡萄酒却口感醇厚带有独有的香气，这是因为在发酵时，葡萄果实中的糖分被酵母利用来为我们酿造美味的酒精饮料了。

但是，这美味酿造的过程必须在完全密闭的环境中进行。酵母发酵产生的酒精等物质让其他会引起腐烂的杂菌敬而远之，这就是葡萄酒比葡萄果汁不容易腐败的原因了。

3　酵母发酵的作用将在第四章详细解说。

有谁能拒绝既可以长久保存又愈加醇厚浓香的葡萄美酒呢？

我们的祖先当时肯定会想："虽然不知道究竟发生了些什么，但我们好像在最恰当的时候做了最正确的事情。这如此美味的食物，或许是老天赏赐我们的吧！太棒了！"于是这些发酵的技法经料理人之手，被总结成人人可习得的菜谱，古城镇里便总能闻到面包或者酒酿的味道了……

这里，可以说是人类文明的转折点！

智人——智慧的人类。他们从食物变化的表象发现我们肉眼不可见的微生物的生命活动，并利用它丰富我们人类的文化及生活。人类文明难道不是在发酵中发展的吗？我们智慧的祖先可以和肉眼不可见的微生物交流，这是人类多么伟大的进步啊！

那些吧唧吧唧吃着成熟果实的猴子和斑马可不会想着"用自己的四肢或马蹄做点什么发酵食品"。如果要思考"何为人"这个哲学的命题，我作为一个发酵设计师会回答——"我思发酵，故我在"。但也别忘了，"酒醉之时，万事颠"。

人类与霉菌的相遇

在日本最古老的纪事《古事记》(712年编)中，曾有"素

用酒制服了八岐大蛇

盏鸣尊将八岐大蛇[4]灌醉，趁机杀死大蛇娶奇稻田姬为妻的
故事"。这证明至少那时日本人已经掌握了用米或者果实酿
酒的技术了。而历史学家认为，日本人大概是在1300年前
学会发酵的。

　　这其中需要特别提到的是《播磨国风土记》(713—715
年编)中有名的一段诗词：

　　　　大神の御粮（みかれい）沾（ぬ）れてかび生えき
　　すなわち酒を醸さしめて　庭酒（にわき）を献（たてま

4　日本神话故事中的角色，传说是有八个脑袋的巨蛇。

つ）りて宴（うたげ）しき

这是十分古老的语言了，用白话文简单翻译如下：

"给祖先供奉的米饭因为发了霉而酿出了酒，大家一起饮酒作乐，甚是美妙的一次聚会！"

这其中"发了霉的米饭"和"酿出了酒"是关键信息，这看似难以理解的两点是如何联系在一起的呢？

"发霉……不是食物烂了的意思吗？"

按通常字面意思理解的话，确实没错。但是，东亚地区有着"用霉菌发酵"的传统，其中最具代表性的就属日本"利用霉菌的发酵技术"。前文所讲的西方（地中海）地区是利用酵母酿酒，而在我们东方，"利用霉菌发酵"的酿酒技术才是主流。就像奥运会上日本队的"柔道"和"花样滑冰"一样，这酿造技术可是我们日本的"国粹"。

这种传统技艺到底是怎么一回事？我马上给大家解释一下。

将放置的米酿成酒的微生物其实叫"日本曲霉菌"[5]，它们栖息于稻田，是一种特殊的"发酵霉菌"。我们日本人通常写作"麹菌"，它是日本饮食文化中十分重要的一分子。

5　曲霉菌属的一种霉菌。拉丁语学名为 *Aspergillus Oryzae*。被称作日本的"国菌"。

在对日本曲霉菌进行说明之前，先给大家普及一下霉菌的概念。

霉菌，在微生物中个头最大，属于进化程度很高的"真菌"类别。在形态上，它们有相当于植物根系的"菌丝"和相当于植物叶和茎的"孢子"。

霉菌虽然形态上和植物颇为相似，但是不能和植物一样进行光合作用，它们是像动物一样的异养型生物。如果你在树林里散步，或许能看到在腐烂的水果、动物的粪便上，还有昆虫的尸骸上覆盖有毛茸茸的东西，那就是霉菌。

霉菌把自己长长的菌丝深入到营养丰富的养料中，大口汲取营养素以便帮助自己的孢子尽量多地覆盖到"食物"上。孢子成熟后会从前端释放出"种子"，"种子"飞散在空

（从上至下）种子，孢子：生长，菌丝：营养

中、地面，或者植物的表面……它们先是进入冬眠状态，而后待到时机成熟，附着在食物上，便又开始新一轮的生长。

"拓君，你这是在讲些什么啊？这些霉菌和发酵有什么关系呢？"

别着急，待会你就明白我讲这些的缘由了。

在自然界中，有很多像这样靠分解其他生物尸体的方式生存的霉菌，它们充当着"分解者"的角色，是自然界生态循环中重要的一环（当然，霉菌中也存在杀死其他活着的生物并分解，从而汲取所需养分的狠角色）。

在这里我想说的是，霉菌的分解能力在微生物界都是数一数二的。像乳酸菌和醋酸菌也有分解有机物的能力，但它们只能在特定的条件下进行分解——请大家想象一下联谊中的少男少女：从联谊前的准备，周围人的美言介绍，到帮他们代笔写邀请信，不知道要经过多少人的努力和准备，最终才能促成一次青涩的少男少女的约会。

霉菌可就不一样了，它可是即使知道对方有恋人，都会主动出击不达目的不罢休的掠夺型联谊高手。因此，它们的生命力可不是一般的旺盛。森林里、水边，甚至密闭性很强的高级公寓外面的空调送风口处，都有它们的身影。它们此时或许就在你家浴缸的犄角旮旯里吃着从你身上掉下来的皮屑，在你最喜欢的那本书里津津有味地啃着里边的纸张呢（因为纸张使用植物纤维，也属于生物残屑）。

霉菌就是我们肉眼可见的动植物和看不见的微生物之间的桥梁。

它们将普通的细菌等微生物无法分解的厚实的植物细胞壁和复杂的生命体构造，分解成小分子化合物，供小型微生物利用。

现在可以进入正题了，让我们一起看一下"发了霉的米饭"中到底发生了什么——那些附着在祭台白米上的日本曲霉菌，到底进行了什么样的生命活动呢？

原本生活在稻田中的日本曲霉菌可是最喜欢稻米了。但它们同我们人类一样，觉得生米太硬不好吃，非得蒸熟才肯食用。《播磨国风土记》中所记载的"湿米"，便是"蒸过且带有湿气的米"。这可是日本曲霉菌最喜欢的，那就宛如东京的上班族在下班后"乘着初夏傍晚的夕阳，在新桥棚屋下喝的那杯生啤"一样美味。

吸附在湿润的米饭上的日本曲霉菌就是在这一刻，将自己的菌丝悄悄伸进米饭中，它们像植物的根系一般在其中游走，享受着香甜的米饭，大快朵颐。这时，米饭中的主要成分——淀粉被分解成小分子糖类为曲霉菌提供能量。

通常我们说到霉菌，都望而生畏。但是像日本曲霉菌这种以它强大的分解力帮助人们进行发酵活动的霉菌，那可真是多多益善啊。

日本曲霉菌因分解米饭所获得的能量而快速地成长，

不久它的孢子就形成白色叶片一般的结构，将整团米饭盖得严严实实的。这个现象就等同于我们在森林里会看到的粪便和昆虫死骸上覆盖的毛茸茸的孢子层（抱歉我举了个稍微有点恶心的例子）。

这时如果你扒开孢子层往米粒中看，米粒中的淀粉已经全部被分解成糖分了。也就是说，这时的米饭就如同葡萄一样甘甜。多么神奇，霉菌可以将稻米变成果实啊！

这里，我想带着大家复习一下葡萄酒的发酵过程。

用于葡萄酒发酵的酵母，以糖分为营养来源，所以通过日本曲霉菌发酵而积蓄的糖分，对于酵母来说便是"乘着初夏傍晚的夕阳，在新桥棚屋下喝的那杯生啤"。

酵母发酵是需要水分的。于是你只要将干巴巴的霉菌饭团抛进水里，那里边的酵母就会欢呼雀跃地跳进水中，大口喝着米饭里的糖水，这时酒精和碳酸气泡便产生了。这一步的过程和葡萄酒发酵是完全一样的。

如果你去过日本的酒窖，你一定在那些酿酒的木桶中看到过白色液体中噗噗冒泡的景象，那便是"酵母在利用曲霉菌产生的糖分来酿酒"的过程。霉菌和酵母，两种不同的微生物，在这一个个木桶中完成了完美的接力赛。

如果没有生物学基础知识，估计有点难以理解"微生物间的协同作用"。举个例子来说明的话，这些日本曲霉菌可以被看作"发酵界的森田一义"。森田先生是日本人尽皆知的搞笑艺人，虽然他自己一个人也能独挑大梁完成足够成功的舞台（比如《四种语言的麻将》），但当森田先生与其他艺人同台时，才能真正展示森田本人的风采。只要和他站在舞台上，无论是成熟的明星、播音员还是娱乐圈新秀，总能在森田巧妙的帮助下大放光彩。

日本曲霉菌就是森田先生这样厉害的角色（对森田一义先生多有得罪了）。虽然它自己也能分解足够的营养素产生特别的风味，但和酵母、乳酸菌等微生物在一起时，日本曲霉菌可以帮助其他微生物成就它们自身的风味，将那些不易分解的谷物的壳等结构分解成利于吸收的小分子营养成分，是一个优秀的"利他主义"生产者。

像这样跟着我观察了一下日本曲霉菌所生活的生态圈系统，应该可以理解我所说"霉菌是不同生物间的桥梁"的含义了。接下来我也会以一样的形式，为大家解释一些发酵现象。

发酵霉菌决定了饮食文化

上一节所讲的白米上覆盖的毛茸茸的孢子层，有一个好听的名字——"糀"[6]。据说是因为这毛茸茸的雪白的孢子

6　古汉字，音同"花"。现代汉语已弃之不用，常见于日语汉字中，特指一种发酵菌，或用于地名。——编者

看起来宛如米饭中开出的花一样。

　　"糀"这个字确实浪漫极了，但我们通常还是用"麹"这个字来定义稻米、麦子、大豆等谷物上发酵长出的孢子。"麹"这个字来源于中国（现在中国大陆写作"曲"），至于"糀"这个字，原型为中国古汉字"糵"，但现在已经没有人使用了，我们现在使用的"糀"，仅仅指代稻米上由日本曲霉菌生成的孢子，是仅存于日本的和制汉字。

　　如果对比中日汉字的区别，可以发现两国饮食文化的特征。这又是怎么一回事呢？让我们一起来看看。

　　来源于中国的"麹"字是指用小麦、大麦、高粱等谷类或者药草发酵而来的孢子。中国人将这些种类繁多的谷物、药草等磨成粉末，和成面团或者面饼，然后使用根霉菌[7]或者毛霉菌[8]进行发酵。这种制法称作"饼曲"，现在即使在中国也已经很难看到它们的身影了，不像在日本这样普遍。

　　这样制得的"曲"在中国通常只用作绍兴酒或者度数相当高的白酒的酿造。酿造的原理大概和《播磨国风土记》所讲的"利用发了霉的米酿酒"一样（中日分别有各种不同的酿酒方法，所以只能讲个大概）。除了酿酒，在中国，

　　7　根霉属的一种霉菌，是东亚常见的发酵用霉菌。

　　8　毛霉科的一种霉菌。这类霉菌虽然通常会引起食物的腐败，但也有一些可以在发酵时产生酒精以应用于发酵食品。

日本糀：生长于米粒中的日本曲霉菌
中国曲：生长于谷物中的发酵霉菌

"曲"并没有像在日本这样被广泛用于调味料和腌菜中。

与中国的"饼曲"技法不同，日本的"糀"是将蒸好的米粒播散开来，一粒一粒发酵。这种技法被称作"散曲"。"糀"作为日本传统料理里重要的食材，在日本全境都有应用，即使在街角最普通的超市都可以见到。

"糀"不仅用作酿酒，还经常用于调味料、甜品（甜酒）和腌菜的制作，是日本人餐桌不可或缺的食材。如果没有"糀"这个重要角色，日本人怕是会变成一边吃着冷冻便当，一边看着网络上猫咪视频的"废柴"吧。

补充一下，日本也用麦子或者大豆来进行发酵，但不用"饼曲"的方式，而是将蒸好的谷物分散开用日本曲霉菌发酵的"散曲"技法。

如果继续往深处说明，中国使用的"曲"——根霉菌，和日本使用的"糀"——日本曲霉菌，虽然都是用于发酵的霉菌，但两者有着明显的差别。

首先，根霉菌在土地上生存，所以比起水稻，根霉菌更喜欢附着于生长在地里的麦子等谷物上。而且，比起蒸熟的谷物，根霉菌又更喜欢栖息在稻子干燥的谷穗上。至于生长中的根霉菌，它们没有"糀"一样长长的孢子层，而是如它名字所描述的那样，像发达的根系一般将菌丝贯穿谷物内部。因此它外表看起来可不像"糀"一样毛茸茸的，而是像一块硬邦邦的砖块。

相对而言，日本曲霉菌生存于水田，因此稻米可是它们最喜欢的食物了。而且相较于生米，它们更喜欢蒸熟的米饭，但比一般的霉菌更喜欢相对干燥的环境。生长中的日本曲霉菌，有着浓密的孢子层，充当根系作用的菌丝可就没有那么强大了，所以日本曲霉菌外表看起来宛如波斯猫的白色毛发。霉菌的种类也正是根据各种菌种的不同形态特征进行区分的。

我曾经开办了多年面向普通人的制"糀"兴趣班。"糀"的制作并不难，但我们这些业余选手制作的"糀"，即使表面长满了毛茸茸的孢子层，打开来却看不到什么菌丝，估计在科学技术欠发达的古代也只能做出来类似品质的"糀"吧。中国的"曲"就不一样了，深入麦子深处的菌丝可达数厘米，如同植物的根系一般紧紧抓住发酵的谷物。"糀"和"曲"不同的菌丝形态决定了日本曲霉菌和根霉菌不同的营养吸收方式，也决定了中日两国饮食文化中霉菌发酵食品的不同风味。

接下来，我将通过对上文内容的整理和总结，来阐释一下中日霉菌发酵不同的设计理念。

中国人为什么使用"用麦子做的饼曲"这样的设计呢？"饼曲"的形状其实取决于根霉菌的生活习性。根霉菌喜欢麦子等谷物，所以人们就给它们提供所需要的食物；根霉菌的菌丝会伸得很长，所以人们就把麦子做成厚厚的饼子或者团子的形状，这样即使在空气稀薄的"饼曲"中，对氧气需求不高的根霉菌也能自由生长。

日本人又为什么使用"一粒一粒的白米发酵"这样的设计呢？同样的，这样的设计也是源于"麹菌"（日本曲霉菌）的生活习性。用一粒一粒的米发酵，是为日本曲霉菌发达的孢子提供尽量大的表面积。正因如此，人们便选择牺

中国的饼曲，孢子会深入到饼曲的内部

牲霉菌发酵所需的深度而尽量增大霉菌生长所需的表面积。另外，日本曲霉菌在发酵过程中需要大量的氧气，因此"散曲"发酵设计也有利于它们充分吸收氧气来获得能量。

如果自己亲手尝试过"散曲"发酵法，就会切身体会到要想给日本曲霉菌发酵尽量大的表面积，就必须将米饭一粒粒分开。所以做米饭时，不能用通常的"直接加热法"，而要用"隔水蒸"。我们通常将米饭和水混合的"直接加热法"，米饭黏糯，但米粒和米粒间易粘连。而"隔水蒸"的方法，可以让米粒在蒸汽的作用下内部变软，又不会使其表面粘连，蒸熟后用手一拨动，米粒就散开了。

这样看来，日本用作制"糀"的曲霉菌，是喜欢住别墅的"独栋主义者"呢，它们可不愿住在人挤人的"集合住宅"，那会让它们喘不过气来。别误会，这是在说微生物，而不是日本人哦。

当我第一次见到中国的"曲"时，心想"为什么和我想象中的样子完全不一样呢"，现在明白了，答案其实很简单——无论是中国还是日本，发酵过程中的每一步包括最后呈现的样子，都是为了照顾不同微生物的"性格"。

所谓设计师，是需要针对市场，仔细观察揣摩顾客的需求来做设计的人。同样，古代的中国人和日本人，将这些微生物当作观察对象画出了不同的"发酵设计图"。我们的祖先可真是有双"观察自然"的慧眼啊！

话题回到中日两国的发酵文化。因为两国用不同的霉菌进行发酵，造就了中日两国不同的"曲"和"糀"发酵文化，这其中当然也包括因此产的酒酿的不同风味。

用根霉菌酿出的酒酿"酸味"突出。这是由于根霉菌在发酵过程中，将谷物中的物质分解成多种酸，这些酸也帮助根霉菌"宣示主权"，使得别的杂菌不得靠近[9]。所以中国的"饼曲"不易腐烂，可以长久保存。

制成的"饼曲"放入发酵罐中，在合适的条件下继续使其发酵，就酿造出了有名的"绍兴酒"。刚刚酿成的绍兴酒，又酸又苦，至少要经过五年陈酿，才能让它的酸味和苦味稍稍淡去，转变成更加浓厚的香气。我之前有一个同年级的中国朋友，成人礼的时候拿出家里珍藏的绍兴酒同

（从左到右）日本：清爽的日本酒；中国：醇厚的绍兴酒

9　这里的内容将在专栏2中详细解说。

我们分享，那酒据说是朋友出生时就买来的，我们打开时少说已经放了20年，但我们这帮年轻人还是接受不了绍兴酒厚重浓烈的味道，最终一起改喝啤酒……

我们再说说日本的"糀"——"糀"的风味是甜味，那是因为日本曲霉菌产生糖分的能力要比根霉菌强很多，却不产生什么酸味物质。糖分可是大多数微生物都喜欢的物质，所以日本曲霉菌在发酵过程中比较容易腐烂，在发酵和保存时需要格外小心。

在中国，甚至有直接售卖在野外生长的"曲"，这对于日本人来讲是很难想象的。因为在日本人的印象中，曲霉菌即使在发酵过程中，也很容易因其他杂菌的污染而影响其风味。

日本的"糀"相较于中国的"曲"是"脆弱"的，也正因如此，"糀"的制作工艺也有着日本独特的精细感。通常，培育曲霉菌的"曲室"要与外界充分隔绝，培育过程只能在杂菌比较少的时节进行，而且需要计算好时间在寒冷且干燥的密室精心培育（通常是44—48个小时）。

因此同样是酒酿，相比于中国熟成多年的弥漫着厚重酸味的绍兴酒，日本酒的口感以刚酿造出的新鲜感、纤细感为上乘。以高级的吟酿酒为例，它味微甜，有着像水果茶一般轻盈的口感，品上那么一口，只觉得身体都飘了起来，甚是令人陶醉[10]。

中日两国的酒酿，差异不仅在口感和味道上，气味也很是不同。上等的绍兴酒、白酒等中国酒，有着"热带水果，类似于菠萝的强烈的酸甜感"；而上等的日本白酒的香气，像是香蕉、哈密瓜之类甜美而柔和的果香。顺便讲一下中国的酒文化。中国人有在酒桌上谈生意的习俗，这里说的酒指的便是中国白酒，其中有各种类别，最上乘的会被贴上"接待专用"的标签，专门用作接待贵客。最上乘的酒，酒精度数甚至会达到60度，但喝起来却有着浓郁的果香，让人欲罢不能。于是一杯接着一杯，等感觉有点不对的时候，膝盖以下早已失去知觉，无法站立了。这时，倒下的人则只好接受"赢家"的谈判条件。这是中国酒桌上的谈判交涉术。我也有幸参加过几次，每次都喝到颤颤巍巍，那场景让我记忆犹新。

日本很少有像中国一样熟成很多年的发酵类食品或饮料。拿日本酒来说，大多数日本人通常喝的都是一年以内的新酒，放久一点的也在三年以内（熟成20年的古酒更是少之又少）。和中国人不同，日本人追求的是刚酿成的新酒中新鲜的口感和素材本身残留的微妙风味。我去中国时，还时不时能见到六七十年前的茶和酒，从这熟成近百年的

10　其实日本酒也有各种不同的风味。我将在第五章详细解说。

发酵食品中，还真是能感受到中国以百年为维度的世界观，和中国人不同，日本人通常只着眼于眼前的事情呢。

微生物不同的个性，反映了选择不同微生物的不同民族的思维方式。也可以说，是不同的微生物造就了不同的民族个性吧。

以中国为代表的亚洲大陆文化，如果从发酵文化人类学的角度定义的话，可以叫作"曲霉菌文化"；而以日本为代表的岛国文化，可以叫作"糀菌文化"。菌的不同个性和社会文化是息息相关的。

本章的副标题中我写到"我思发酵，故我在"，现在从另一个角度解释这句话，也可以说"人类受到不同发酵菌的影响，从而形成了不同的文化性格"。

所谓发酵文化，就如同古希腊神话中的商神杖[11]一般，由人类和微生物这两条蛇缠绕盘旋而成。

霉菌之神——曲霉菌

日本的"糀"是从日本曲霉菌发酵而来的，后者的真实身份是米曲霉菌，也是曲霉菌的一种。我们通常称从

11　它是古希腊神话中神使赫尔墨斯所拿的手杖。其由一根刻有一双翅膀的金手杖和两条缠绕手杖的蛇组成，被视为商业和国际贸易的象征。——译者

蒸熟的白米发酵而来的为"糀"，称从谷物发酵而来的为"曲"。不论是"糀"还是"曲"，这些用于发酵的微生物都属于"曲霉菌"。

接下来，我们就从日本的曲霉菌文化说起。日本的曲霉菌文化起源于日本酒。日本人的祖先古时受八岐大蛇这样的巨大怪兽威胁，给大蛇的每个蛇头都灌以一桶烈酒，待它们神志不清时将大蛇制服。这是前面就说到的《古事记》中对日本发酵历史最早的记录。我们印象中散发着柔和气质的"发酵文化"，对于我们的祖先来说，却是这样"暴力"的画面（其实不光是日本，古代神话的起源大多是很残酷暴力的）。

这个传说中把八岐大蛇灌醉的酒叫作"八盐折之酒"。意思是"经过八次重复发酵的酒"，大概是把酿成的酒添加到已成的酒中使其再次发酵……这样重复八次。听起来制作工艺可是相当烦琐。

可仔细想想，这大概是因为古代的酿酒技术不够先进，才想出通过多次发酵提高酒精度数的方法吧。如果从科学角度来分析，通过八次发酵并不能使酒精度数提高，因为达到一定度数时酵母就会死掉不再产生酒精了（酵母无法在20%以上的酒精浓度环境中生存）。这么看来，古书中所记载的这种酿造技术貌似也是运用了古代神话惯用的"夸张"手法。

现在，我们也用"在酒中酿酒"的方法，这叫作"贵酿酒"，算是对《古事记》中所记故事的复刻了（当然并没有重复八次酿造）。此酒有一种浓厚的甜味，是不可多得的高级日本酒。

《古事记》中所讲的给八岐大蛇的每个蛇头都灌以一桶烈酒，如果按书中所记的酿造技法，首先需要酿64桶普通的酒。这也就是说，《古事记》所讲的时代已经有"规模化酿酒"的设备了。这也从侧面证明，酒在那个年代，貌似不是单纯的小酌怡情之用，而很可能已经作为"神圣的饮品"大量运用于宗教文化层面了。

正如基督教中的红酒，酒好像从古至今都与宗教、神明等概念有着千丝万缕的联系。据曾经到美洲和亚洲原始部落游历过的人类学家所说，他们曾目睹过这些原住民在祭祀和庆典时，互相交换酒杯饮酒以完成仪式的场面。

酒作为神明交接给人类的信物，从日常生活到祭祀庆典，参与到人们的生活中，使人类与神明的交流成为可能。

从这个角度看，在华灯初上的东京新桥棚屋下，穿着西服喝啤酒的40多岁的上班族们，或许也是在进行着一种"与神灵交流"的古老仪式。那些猛地一听全是牢骚的怨言，仔细想想也说不定是诅咒那些让人生气恼火的领导的"咒语"呢。至于清晨发现的那位睡在垃圾箱附近的白领小姐，谁又敢保证不是那位"负责和神明交流旨意的巫女"呢？所以，可别小看这东京的新桥棚屋呢。

话题回到古代日本。

日本的神社，到中世纪都保留着一间屋子用于酿酒。古时候，给神明供奉完的米，就移到偏殿用于培育曲霉菌，然后酿制成酒储存。现在日本的伊势神宫、出云大社等有名的神社都还保留着"酒殿"，那就是古时专门用来酿酒的屋子。虽然近代以后酿酒工作通常在冬天进行，但在古代，神社通常在每年的6月酿酒。那时候正值梅雨季，想必是潮湿的气候更适于曲霉菌生长和发酵吧。

在比利时偏僻些的修道院里，至今还能看到修道士每日一边向神灵祷告，一边做着酿酒的工作。日本的神社也有专门负责酿酒的人士，被称为"酒司"（参照现代的制法，酿造的应该是甜甜的浊酒。那便是新年时我们可以在神社领到的甜酒的起源了）。这时的酒，已经从对抗八岐大蛇的武器，变成了传递爱与和平的媒介。

现在让我们借神社里酒司的脑子来思考一下。

我们在神赐予我们的谷物——稻米中加入肉眼不可见的发酵菌，曲霉菌，米饭上便长出花一般美丽的"糀"，将其再浸入水中，经过数月便可酿出神圣的液体，酒。

如果把米饭比作神的身躯的话，那么酒就是神之圣水（精华），而将其精华从神的身躯中提取出来的，便是曲霉菌。换句话说，曲霉菌就是神灵的信使，是不可思议的神奇霉菌。

秋收过后的稻子，经过整个冬天的酿造制成新春的新酒，这酒首先要供奉神灵[12]才能分给百姓饮用。我们现在正月给神社供奉酒，应该也是传统习俗的一部分残存。

从神那里得到恩惠的人类，把象征丰收与和平的精华（酒）敬献神灵，同时祈求来年的恩赐，这叫作"祈求重生"。日本人在正月要喝"屠苏酒"，"屠苏"意味着"除掉恶鬼（苏），使其灵魂再生"。[13]古书中人们用酒击败八岐大蛇，让民族之魂再生。所以"祈求重生"便是日本酒文化的起源，也是发酵的文化起源（周末东京新桥棚屋下那些喝醉的人，也是在追求下一个周一的重生吧）。

"发酵的起源"由邪恶和神圣交织而成，正如日本文化人类学家山口昌男[14]所说"历史总是充满着混沌"。

古代的日本人相信，神既掌管着秩序，也可以破坏秩序、带来灾祸。正如杀死八岐大蛇的素盏呜尊大神，他既是为民除害的民族英雄，也是一个十分凶恶、破坏秩序的神灵。素盏呜尊大神所用的酒，同样有着两面性。酒既是象征丰收、表达感恩的和平信物，也是释放人的暴力，展

12　这个话题会在第六章详细叙述。

13　屠苏酒源自中国，但命名有几种说法，作者所说是其中一种，即"屠割恶鬼（苏魄）"。——编者

14　日本文化人类学家。擅长利用符号学的知识来进行文化分析，其中以"欺诈论"闻名。

露人性恶的一面的武器。平时沉稳有礼的员工可能利用了酒"暴力"的一面，肆无忌惮地谩骂上司；素盏鸣尊大神可能利用了酒"平和"的一面让八岐大蛇镇静下来，但同时也利用了酒"暴力"的一面杀死了大蛇。所以说，在历史的起源中，好和坏总是共存的。

要问历史上为什么总把酒和神联系起来，大概就是因为两者都是"秩序和破坏秩序的两面体"吧。人饮酒会丧失理性，会走到失控的边缘（尤其是不能饮酒之人，更是很快进入失控的状态）。即便如此，在家族、公司，以及祭祀活动这样正式的场合，酒仍然不可或缺。这看似矛盾，其实恰好证明了酒有着"秩序"的一面。而有维持秩序和破坏秩序能力的神灵，充当着混沌体（自然）和以"田地"为象征的秩序体（文化）之间的媒介。[15]

神将混沌体"自然"规整成田地，使我们得以收获稻米，建造成有秩序的村落。之后，定居的村民用收获的稻米酿成了酒。

酒成为确认"秩序"和唤起"混沌"的存在。社会的产生，需要建立秩序。但要想让秩序长存，也离不开隔一段时间出现的一些小混乱。在日常有秩序的生活和偶尔无秩序的混沌中切换，有利于防止社会关系的陈腐化。就如

15　引自山口昌男著《文化的两面性》。

同在恋爱中，可能有一段时间会产生"我好像已经不再喜欢你了"的疑问，爱情就是如此，两人共同遇到一些小波折，才能最终成就一段坚定的感情。

在日本历史上，发酵像是设置在日本社会中引发混乱的超自然力量装置，发动这个装置的，便是我们肉眼不可见的发酵菌。

这样想的话，发酵像酒一样，同样拥有秩序和破坏秩序的两张面孔。所以说，发酵和腐败只有一纸之隔。再好喝的酒，如果发酵过程中，稍有处理不当，被杂菌污染，马上会变酸变臭，变成破坏我们身体健康的罪魁祸首。

发酵源于人类对腐败的恐惧，而人类利用发酵酿的酒，在产生快乐的同时，也有腐败人心的能力。只有在真正掌控发酵的过程中，才能维持相对有秩序的状态。一旦失去平衡，那发酵就如同厄洛斯爱神[16]般，是充满诱惑的危险存在。

酒，包括酒曲，也就是所谓的发酵技术，与"日本民族的精神起源"密切相关。

远古时代，人类举着酒杯，向神祈求、祭祀之时，也以神为媒介，对自然之恩赐进行再创造，开始有了改变定居生活环境的能力。那时的人类或许是狂妄自大的，他们

16　古希腊神话中的爱神。

开始意识到人类拥有强大创造力的同时，也拥有时而不受控制的可怕破坏力。人类在善与恶共存的复杂的环境下走向现在的文明社会。这期间，当然也少不了神的使者——发酵菌的存在。

我思发酵，故我在。发酵人类文明，似乎就在那一瞬间诞生了。

注释

在注释这一部分，我将对我在每个章节所引用的书籍、论文进行介绍。

虽然我已具体讲了很多，但这些信息大多来自前人的研究成果。我站在巨人的肩膀上完成了这部作品，这在说唱圈是叫"采样"吧。因此谨将这些援引的资料放在此处说明，供大家参考和深入阅读。

学术论文通常会把引用资料的名称和作者名放在文末的"参考文献"部分，但我想以这种大家都能看懂的形式，加入自己的解释在此说明。

第一章的主题是"人类与发酵菌的相遇"。

在这一章我首先想介绍的是小泉武夫的《发酵》(中公新书)。这本书虽然有很多专业性记述，但就"对于人类来说发酵到底是什么？"这一话题提出了很多实例，并进行了总结阐述。我读了不下十遍。《发酵》这本书覆盖了有关发酵的很多领域，从发酵饮食文化到环境技术，如果你想了解发酵学的轮廓，那一定是这一本。

　　第一章我也讲述了不少曲霉菌和酒的起源，如果对这一部分感兴趣的朋友，可以参阅法政大学出版的"物与人类的文化史"系列中的《曲》这本书。它通过对古代民间记事与和歌的解读，从文化的角度对曲进行了介绍；在后半部分，还从生物学、有机化学的角度对曲霉菌的生态学环境进行了系统的解读。我也希望自己今后能写出这样系统性的作品。致敬！

　　贯穿本书的一个主题是"神、自然、人类"，对三者之间错综复杂的关系感兴趣的朋友，可以参考山口昌男先生的文化人类学著作——《文化的两面性》。在这本书中，

小泉武夫：《发酵》（中公新书）；　一岛英治：《曲》（法政大学出版社）；
山口昌男：《文化的两面性》（岩波书店）

山口先生对人类文明起源的思考、对古老仪式以及宗教产生有深刻的见解。

·概括性掌握亚洲和日本的发酵文化之间的联系

味噌·醬油·酒の来た道：森浩一编（小学館ライブラリー）

·了解中国制曲和中国酒的特点

中国の酒書：中村喬編訳（平凡社）

日本·中国·東南アジアの伝統的酒類と麹：岡崎直人（日本醸造協会誌2009年12月号 p.951-957 掲載論文）

·了解日本酒文化中的制曲工艺和历史由来

酒：吉田元（法政大学出版局）

·深入理解霉菌和真菌的生态环境

菌類の生物学分類·系統·生態·環境·利用：柿嶌眞、徳増征二、日本菌学会（共立出版）

·理解人类学中神的起源

千の顔を持つ英雄〈上〉〈下〉[17]：ジョゼフ·キャンベル（早川書房）

17　中译本为《千面英雄》，约瑟夫·坎贝尔（Joseph Campbell）著。——编者

专栏 2

发酵和腐败的区别

食物走向发酵还是腐败，这可是"生死攸关"的事情。

从前食物本就不充裕，要是再坏了，可是会饿死人的。

在医疗不发达的古代，如果不小心吃了腐败的食物，闹肚子不说，甚至可能诱发疾病导致人丢了性命。所以，探索不让食物腐败的过程，就是人类延续寿命的过程。

防止食物腐败的四个小技巧

在没有冰箱和防腐剂的时代，为了防止食物腐败，我们的祖先都有怎样的智慧呢？在这里大致分为四类，为大家介绍一下。

· 发挥发酵菌的屏障效果

· 盐渍、糖渍

· 控制酸碱度

· 利用高浓度酒精

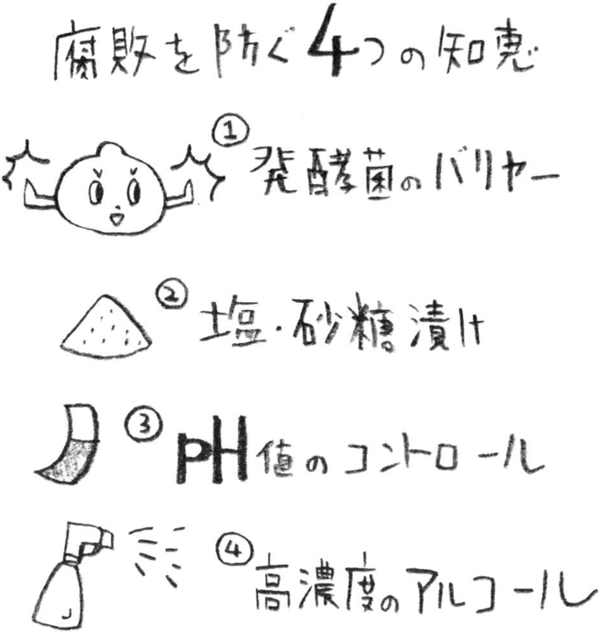

腐敗を防ぐ **4**つの知恵

① 発酵菌のバリヤー

② 塩・砂糖漬け

③ PH値のコントロール

④ 高濃度のアルコール

防腐败的四个技巧

① 发挥发酵菌的屏障效果

② 盐渍、糖渍

③ 控制酸碱度

④ 利用高浓度酒精

　　以上四个技巧都与发酵技术息息相关，我逐一为大家解释。

　　一、发挥发酵菌的屏障效果

　　请大家回想一下前文中讲述葡萄酒酿造的内容。本身放数日就会腐败变质的葡萄果汁，如果往其中加入酵母，酵母通过发酵作用而产生的代谢产物和酵素就会形成天然的屏障，保护葡萄汁不受可能引起腐败的菌落侵染。

　　二、盐渍、糖渍

　　用于制作可长期保存的食物的基本方式便是盐渍。盐分浓度达到10%后，基本上所有生物细胞的细胞膜在高渗透压的影响下都会破裂（这跟往蛞蝓上撒食盐，会看到它的身体融化是一样的原理）。因为蛞蝓和微生物，拥有近乎相同的细胞构造，所以用盐来防止杂菌侵染是有效的。

　　"欸，但是酿造味噌的过程中也放了很多盐吧？"有一些心细的读者或许会有这样的疑问，"用于味噌发酵的微生物难道可以在高浓度的盐水中生存吗？"

　　用于味噌发酵的微生物，恰巧是一种"耐盐性发酵菌"，能够在相对高浓度的含盐环境中生存。这一类耐盐性发酵菌数量并不少。由于存在很多容易引起腐败的杂菌，因此在日本随处可见盐渍发酵食品也就不足为奇了。

　　糖渍与盐渍的原理一样，同样是"利用高渗透压防止杂菌侵染"。因此才有了制作果酱用于保存水果的方法。

三、控制酸碱度

我们通常食用的食物都是中性的（pH 值在 6.0 — 8.0 之间），而大多数的微生物也是在中性环境中生存的。因此如果调整食物环境到强酸或者强碱状态，就可以抑制微生物的繁殖。例如，利用醋渍制作的泡菜，或者利用烟灰等熏制而成的偏碱性食物，都可以有效地防止腐败。补充说明一下，用于酿造酸奶的乳酸菌是耐酸性发酵菌，而用作酿酒的曲霉菌是耐碱性发酵菌。

四、利用高浓度酒精

通常，大多数的微生物都不能生存于酒精浓度高于 20% 的环境。冲绳人在制作味噌前，会用当地的泡盛酒将酿造用的木桶全部擦拭一遍，这与我们在家中用酒精消毒是一个原理，都是利用高浓度酒精杀死细菌。我们使用的调味料味淋，之所以可以长期保存，也是因为其中含了酒精。

以上就是四个与发酵活动息息相关的防止食物腐败的小技巧。发酵食品的诞生其实是这些技巧之间的多重作用。例如制作味噌时，首先要用盐渍大豆，待其中耐盐性的发酵菌繁殖起来后，环境 pH 值便会降低，再在其中加入曲霉菌或者酵母菌，形成发酵菌的屏障。这一层层的保护，将杂菌毫不留情地挡在外边，防止食物受到侵染而腐败。

因此对于日本人来说，味噌是每个人都可以制作的发酵食品。这也得益于其制作工艺中"即使哪一步骤有些纰漏，也不会因此失败"的严密防腐措施。

"保存性"的不同原理

发酵食品中所谓的"保存性"（未腐坏）和便利店中食品的"保存性"原理是不同的。前者是因为发酵菌的参与，通过生物屏障阻挡杂菌的侵染而保持食物不腐败。后者则是通过添加防腐剂延缓有机物变质，并阻隔所有微生物进入。简单来说，防腐剂的作用像是按下了时间的暂停键，而发酵食品虽然也能保持不腐败，但是随着时间渐渐流逝，食品的风味会随之改变。

是暂停时间，还是做时间的伙伴？即使同样是"保存性"，其中的含义却是完全不同的。

暂停时间，还是做时间的伙伴

第二章 | # 风土人情和菌的手作

——手作味噌与 DIY 流行文化

レッツ 手前みそ!

让我们一起来"手作"味噌!

本章概要

　　这一章的主题是"手作味噌与 DIY 流行文化"。

　　法国人类学家克劳德·列维－斯特劳斯提出"bricoleur"(手作人)这个概念之后,手作发酵食品风靡一时,也让我们更加了解味噌。如今,手作味噌在日本已经走在流行的前沿。这其中的原因是什么呢?

本章主要讨论

▷ 什么叫"手作"

▷ 自己做味噌

▷ 如何形成开放式的文化

列维－斯特劳斯的"手作"

克劳德·列维－斯特劳斯[1]是我最尊敬的文化人类学家。在他所提出的一系列理论中，有"bricoleur"（手作人）这一概念，法语中的意思是在日常生活中自己动手做所需用品的人，也有指作为兴趣而广泛制作的各种物品的含义。

文化人类学家列维－斯特劳斯在世界各地收集各种神话故事时，产生了"为什么世界上有如此多样且不可思议的传说"的疑问。他在其著作《野性的思维》中，做了解答。他认为，"神话，是一种思维手作的过程"，也就是说，"神话产生的本质，是思维在繁杂但有限的要素中进行选择重组，塑造可以表现自己想法的作品的过程"[2]。

列维－斯特劳斯所述的"手作人"，是善于充分利用现有的材料将自己脑中的美好蓝图制作成实物的"工程师"。

"首先把到目前为止收集到的所有道具和材料全部取出，对自己手头的要素有一个整体的把握。随着自己想法的逐步细化，以上统筹的步骤可能会重复多遍。然后是最重要的一步——与面前的道具、材料进行'对话'。也就

1　法国人类学学者。他利用语言学、数学等方法，对世界各民族文化中的神话传说和亲族体系进行了阐释。

2　引自克劳德·列维－斯特劳斯著《野性的思维》。

是对眼前急于要解决的问题展开分析，思考利用哪些材料和道具进行怎样的排列组合，才能将问题完美解决。"

手作是用有限的材料进行 DIY
工程设计是根据计划书实施设计

这一过程与"发酵"过程如出一辙。

如果把"发酵文化"看作"神话"的象征，认为"酿造家"来源于"手作人"，那"手作"简直可以看作"发酵"的代名词。

"为什么世界上存在着如此多样且不可思议的发酵食品？"我在游历世界时心中也一直有这个疑问。直到理解了列维–斯特劳斯提出的"手作"概念后，我才理解种类繁多的发酵食品的产生，可以看作世界各地的"手作达人"(无名的酿造家)在自己生活的那片土地上，通过观察、收集一切可以利用的素材，并与自然环境和材料进行对话来创作美味且对身体有益的食物的过程。

稍微进行补充的话，进行发酵活动的酿造家们，除了与道具和材料进行对话，还要与微生物进行对话。

你觉得我讲得太玄幻了吗？并没有。我是很认真地在解释发酵食品产生的过程，就像养牛的需要跟牛对话，种庄稼的要和作物、天气对话一样，酿造家们同样需要和一切相关联的事物进行认真的对话，才能创造出独有的发酵食品。

分辨微生物声音的能力

根据《风土记》的记载，近代之前的日本并没有如今这样丰富的食材。那时还不存在西红柿和土豆这样的进口食物，由于宗教上的原因，家畜也不能食用。所以，那时日本的主要食材只局限在田地里种的稻米、大豆、小麦等谷物，以及少量狩猎、采集而来的山野菜、野物和海产。如何充分利用这些有限的食材组合成每天所需、营养均衡的饭菜，成了那时每个家庭主妇的重要工作。

那时，日本人的餐桌上主要的营养来自"田地"，田地包括水田中的稻米和田埂上种的大豆，等天气转凉，田地上还要轮作一季的小麦。

面对这样"品类繁杂但数量有限的食材"，还真是需要"发酵食品的手作人"来最大限度地利用好这些食材，保证这些珍贵的食材在不腐烂的前提下，还能变成营养丰富又美味的饭菜。

例如，日本人餐桌上最常见的纳豆盖饭，其中包括米饭（稻米）、纳豆（大豆）、酱油（大豆和麦子）。这就是手作人充分利用田地里的农作物创造的一餐完美午饭。有时还会再搭配一份豆腐味噌汤，其中包括豆腐（大豆）、味噌（大豆和稻米或麦子）。纳豆盖饭配豆腐味噌汤，非但不会饿肚子，而且还不会因食物单调而马上吃腻（或许还会给你带来循环往复的安心和快乐）。

稻米、大豆、麦子，仅用"田地里的三兄弟"就能创造出丰富食物的秘诀，这当然离不开发酵技术。同样的食材，借助微生物就可以产生完全不同的风味，这些微生物可能来自院子里散落的石头、土或者废旧木材，也可能来自家里的其他任何物品，包括厨房的灶台，或者盛食物的食器。这些微生物，通过列维－斯特劳斯所述的"手作人"之手，创造出了丰富而美味的发酵食品。

米 + 曲霉菌 = 曲
曲 + 酵母 = 酒
酒 + 醋酸菌 = 醋

因此，想要"手作"发酵食品，必须具备分辨微生物的声音的能力。

大豆上附着纳豆菌后产生了纳豆，而附着曲霉菌后则产生了味噌。稻米上附着曲霉菌后产生曲，将曲浸入水中并加入酵母便产生了酒，再往酒中加入醋酸菌，于是产生了料酒。往大豆或者麦子里加入曲霉菌，并将其浸入盐水中，酱油便产生了。

用于发酵的微生物——发酵菌，简直就是在进行着炼金术般的创造活动。利用这些微生物进行发酵活动的"炼金术师"，难道不是有着分辨微生物声音的特殊技能吗？接下来我仍然以曲为例，为大家阐释他们是如何分辨微生物的声音的。

味噌窖的曲和酒窖的曲

即使同样是曲，味噌窖培育出的曲和酒窖培育出的曲，不论是形态还是化学性质都是完全不同的。先从形态上来看，味噌窖中生长的曲如同波斯猫的白色绒毛；而酒窖中覆盖在米粒上的曲，更像是一层薄薄的细雪。虽然两者都是日本曲霉菌发酵的产物，但通过对其生长环境进行微妙的调整和设计，就可以产生无论形态还是功能都不一样的发酵产物。而在这过程中，我们的"发酵手作人"又是怎么做的呢？

　　大家还记得上一章介绍的霉菌的基本形态吧——霉菌由像叶子一样的孢子和像根一样的菌丝组成。孢子和菌丝在不同的生长速度下会形成不同的形态，释放完全不同的营养物质。其中主要的环境影响因子是"温度"和"湿度"。

　　味噌窖的最高温度不超过38℃，湿度控制在100%左右。这可是最有利于曲霉菌的孢子快速生长的完美环境！于是孢子放肆生长，最终长成波斯猫身上浓密的白色长毛一般的模样。在这样形态的曲霉菌产生的甜味和鲜味两者中，鲜味会更加的突出。与之相对的酒窖中的曲，生长在最高温度42℃—43℃，湿度从100%到40%的发酵罐中。虽然发酵罐开始湿度很高，但随着滚动湿气逐渐蒸发，发酵罐最终在湿度下降到40%左右时停止发酵。在干燥的环境中，曲霉菌上的孢子不会得到充分的生长，这时的曲霉

酒曲：细雪一般的形态

味噌曲：波斯猫一般的形态

菌会自动切换为"忍耐模式"，将自己的根（菌丝）尽可能地伸向米粒深处，充分吸收米粒中的营养而得以生存。孢子没有得到充分生长的曲霉菌，表面呈细雪的模样。如果将这样形态的曲高温加热，鲜味几乎会蒸发殆尽，只剩下大量的甜味物质。

美味的味噌是以鲜味为主体，稍带些甜味的。只有波斯猫绒毛般的孢子形态才有可能产生这绝妙的平衡。反之，美味的酒（尤其是高级的日本酒）在酿造过程中会竭尽所能将曲霉菌中的甜味发挥出来，因此需要让菌丝尽量深入米粒内部，从而形成细雪般的形态。

简单总结一下就是味噌窖是宠溺式育菌，酒窖则采用严苛的育菌方式。

味噌在发酵过程中，其主要的鲜味物质很容易受其他杂味影响，所以味噌窖在培养曲霉菌时如同照顾"在优渥且充满爱的环境中成长的公主"，而酒窖培养出的曲霉菌则是"经历坎坷，度过重重困难长成的铿锵玫瑰"。

作为发酵手作人的酿造家们，就是这样不仅依据食材，还要根据对微生物生存环境细致入微的观察和思考，对发酵过程进行设计。发酵菌无法根据环境改变自身的性质，所以发酵手作人必须仔细聆听微生物的声音，结合微生物的生存条件来选择同时可以达到料理人目标的发酵方式。利用自然界中既存的事物为自己所用，"手作人"靠的是

"与自然的对话"，而发酵靠的是"与微生物的对话"。对酿造家来说，微生物存在于"肉眼看不见的微观世界"，它们可以利用有限的食材发挥出无限的美味，这是手作人伟大的灵感源泉。

手作发酵食品的代表——手作味噌

"手作人"的概念与"工程师"是相对的。最早的手作人如同在神话中负责制作祭祀工具、创作祭祀料理的神职人员，他们虽然充满好奇心和创造力，却不会在历史上留下工程师一般响亮的名字。

发酵行业也是同样的情况。我们从来没听说过"发明酒的某某主厨"或者"取得酱油酿造特许的某某博士"。现在我们餐桌上出现的大多数的发酵食品，来自热爱美食的人，或者跨越几千年各个时代的母亲们的传承和改进。通过他们的努力，最终才诞生如今人人可利用的"开放式菜谱"。虽然现在我们一般都从超市购买由专门的酿造公司酿制好的酒和酱油，但在1000年前，大家都普遍自己制作它们。二战之后，由于法律和各种规定的限制，发酵食品才从"手作食物"变成"购入类食物"。

按列维－斯特劳斯的话说，"手作食品"就在那时变成了只有专门的酿造家才能制作的食物。与此同时，发酵文化也从"DIY"的一部分，变成只有美食家在谈论的内容。

但是，进入21世纪以后，发酵文化有再次重返"DIY"的趋势，其中的代表便是手作味噌的兴起。

"拓君是何来的自信说出这番言论？你有什么根据吗？"

这还真是我认真地利用经验法则推导出的结论。

我大约在八年前开始接触发酵，从山梨县的味噌老铺，到五味酱油（将会在第六章详细叙述），再到开设手作味噌兴趣班。我切身感受到在这期间人们对发酵的看法有很大的变化。

最初说起"自己制作味噌"，那只会是配餐中心的老婆婆才会感兴趣的话题。但从2011年东日本大地震之后，人们的观念开始发生变化。就是从那之后，一些开始关注孩子健康的年轻母亲，或是对有机食物感兴趣的都市人，也越来越多地来到我的手工坊。我开始感到手作味噌的受众越来越多。

2012年，我与五味酱油合作制作了《味噌之歌》动画片，并得到山梨县北杜市多家幼儿园和小学的支持。他们用这部动画片开设了独特的"食育课程"，在孩子们的音乐课上播放《味噌之歌》，并布置作业让孩子们在家里跟着动画片尝试制作味噌。虽然我们开始设计《味噌之歌》时就是为了让大家"边唱边跳愉快做味噌"，但没想到还真的通过这部动画片实现了。

随着越来越多的学校开设食育课程，这首歌也在北杜市快速蹿红，街头巷尾的小朋友都在哼着"味噌味噌——"的愉快旋律，风靡之盛令一些不明所以的家长打电话到市政府询问。这阵浪潮渐渐扩散至全国，不知什么时候全国各地的学校和社会团体也纷纷开展了自制味噌的活动（也许我们做的动画片也起了一定的作用吧）。

不仅是地方小团体，城市里的一些艺术工作室以及 IT 企业里的活动企划也纷纷想要加入手作味噌的活动，电话纷至沓来，我抱着试一试的态度去大都市中心为他们举办了一场又一场的手作味噌活动，没想到场场爆满。原来城市里一些喜欢创造性工作和注重生活品位的人也会对自制味噌充满兴趣啊！

"或许，这会形成新的流行趋势呢。"

我这样想着。感觉列维 - 斯特劳斯的"手作精神"在时尚的年轻人手中焕发出新的生机。从那之后，手作味噌活动无论是在大都市，还是在地方小城市举办，场场都满员，男女老幼都乐在其中，还成了亲子活动里的经典内容，得到了参与者的一致好评。现代社会中一直在衰落的手作味噌为什么再次获得了人们的青睐呢？

手作味噌成为流行的原因

首先从制作的角度来看。手作味噌是如何制成的呢？

将煮好的大豆与曲、盐混合，再将三者的混合物放入木桶中酿制。

这就是主要的步骤。十分简单吧！就连那些一开始嚷嚷着"手作味噌，听起来好难啊——"的客人，在自己动手尝试一下之后，都会感叹"啊，好简单"。

这就是手作味噌成为流行的首要理由。因为其制作步骤简单，大家可以轻易上手和反复制作。有过一次制作经验的人，有相当大的概率会不自觉地养成每个季节都要自

味噌的发酵
盐作为天然屏障：
阻挡杂菌
（对话框）
曲霉菌→鲜味、甜味
乳酸菌→酸味
酵母→醇香
大豆被多种发酵菌分解，产生了风味复杂的调味料！

制味噌的习惯。这样一来，他不久就能成长为用自己培育的大豆和曲霉菌制作味噌的酿造高手。

其次是味噌制作不但简单，还不容易失败（其中的缘由可以参考专栏2）。在酿造味噌的过程中，要放入原料1/10分量的盐以形成高盐环境抵御杂菌的侵染。另外由于味噌是固体，造成腐败的另一大因素——氧气，也很难进入。这样一来就形成了只适合发酵菌生长的环境。

另外，味噌制作过程虽简单，但有丰富的风味口感。这是手作味噌的另一大魅力。它有"制作过程简单而发酵过程复杂"的两面性，即使在同样的地方用完全相同的食材制作的味噌，也会因为发酵时间和环境微妙的区别，产生不同的风味。因此，手作味噌同好会定期举办"手作味噌品鉴会"等有趣的活动，大家相约一个时间在同样的地点制作味噌，等豆子经过半年或者一年的发酵，大家再聚在一起品鉴各自的味噌。你可能会在会场听到这样的评价和称赞，"哇，这个微微有些冲的味道真是美妙极了"，"呀呀呀，这个浓

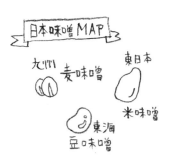

日本味噌地图
九州地区：麦味噌
东海地区：豆味噌
东日本：米味噌

厚的香味和甜味真是让人停不下来"。此时此刻，说不定在哪里就举办着这样的活动呢。

最后，全国各地不同的制作习惯会产生不同个性的味噌，这也是手作味噌有趣的地方。味噌因为原料比例的不同，会产生完全不同的风味。比如九州地区曲的比例偏多，东北地区大豆的比例偏多，东海地区手作味噌只用到大豆，而关西地区以仅仅发酵一个月的白味噌为代表，我所在的山梨县则是以麦子做的曲和稻米做的曲的混合物为原料来制作味噌。

制作味噌没有所谓的标准，或者说，它的标准是独属于一片土地、一个家庭的。这里谈的地域性和多样性，正是味噌文化的精髓所在。

接下来，我们从社会学的观点来探讨一下手作味噌流行的原因。

简单不容易失败，还可以产生不同个性的味道……这是手作味噌对 DIY 入门选手最友好的特质。要想自己栽培作物并收获食材是很难的，但从手作味噌这种调料 DIY 做起，连城市里没有什么生活经验的人都可以轻易尝试。如果问什么东西可以唤醒现代人心中沉睡着的"手作精神"，那手作味噌是再适合不过了。不同个性的人会酿制出不同的味噌，不同地域的人也会酿出不同的味噌……这也给不同地域的人提供了交流的机会。这可能也是味噌工作坊可以迅速从地方遍布全国的原因吧。如果你去过在各地举办的手作味噌的活动，你可能可以感受到，味噌工作坊就是"再次明确和学习当地乡土文化的场所"。在制作味噌的同时，你可以了解到一片土地的农业特性；而对比味噌的不同制法、了解乡土食物文化多样性，也是重新认识自己家代代相传而来的"味道"起源的过程。只不过这一切都无须在学堂里艰苦学习，而是可以和孩子一边动手一边玩耍的轻松愉快的学习。

另外，手作味噌教室比较容易形成持续性的社团活动。这是我几年来举办手作味噌活动的感悟。手作味噌教室通常不会一次性完成一个作品就结束，由于发酵的时效性，会比较容易形成定期的活动形式。

"我们的味噌已经发酵一年了，这次召开品鉴会的同时也顺便开始下一次的酿造吧。"

"这次我们用本地产的大豆来尝试一下啊。"

"话说，一年前酿造的味噌已经吃完了。我们下个月再一起新酿一些味噌吧。"

就这样，社团里酿造味噌的活动一场接一场，看得别的团体的成员也有点眼红了。"做味噌真的如此有趣吗？"……于是越来越多的人也抱着试试看的心态参与到手作味噌的活动中来。这一下，味噌兴趣班便呈螺旋状上升状态，势不可挡地迅速壮大。地方办事处的官员看到这样热闹的场面，来了想法，"如果可以推进手作味噌活动的话，岂不是可以带动我们大豆产业的经济成长！"这一讲，底下的宣传部部员（30多岁的女性）就出主意了：

"听说有一部边唱边跳就可以让人学会做味噌的动画片呢。"

"是吗！ 那就用这个素材办一下活动试试！"

这样一来，在地方政府的推动下，手作味噌也以极快的速度普及开来（以上是我的幻想）。对于这本书的读者，我也真诚地希望你们可以在所在的团体推进一下"边唱边跳做味噌"的趣味活动，我在此将《味噌之歌》的歌词放在下边：

《味噌之歌》动画片

把大豆放锅里，加入足量水

打开炉灶，等它咕噜咕噜

高压锅，煮20分钟

普通锅，煮3至4小时

味噌，味噌，自制味噌

自家制味噌，自家的味道

味噌，味噌，自制味噌

给爱的人的专属味噌

盆子里放入曲，撒上盐

再用你的双手，揉呀揉

香甜的味道，飘散开来

大豆煮好之后，打开锅盖

用劲全力，压碎大豆

放入曲霉菌和盐巴，搅呀搅

团成圆圆的团子

把团子扔进木桶里

再用你的双手，压压实

撒上盐巴，盖上盖子

　　过了夏天，就可以享用

　　味噌，味噌，自制味噌
　　自家制味噌，自家的味道
　　味噌，味噌，自制味噌
　　给爱的人的专属味噌

重新享受过程

　　如前文所述，手作味噌的发展是"开放"的。

　　代代相传的菜谱是很多母亲和酿造家几百年传承和积累的成果。之后一个个家庭又在传承的基础上发展出每个家庭独特的味道。手作味噌就是凭借其多样性和容易上手的特质，给日本文化画上浓墨重彩的一笔。

　　无论它们是来自灵巧的还是笨拙的、专业的还是业余的双手，无论是红味噌还是白味噌，米味噌还是麦味噌，统统都叫作味噌。"自家制味噌，自家的味道"，每个人都可以按照自己的喜好酿造独属于自己家的味噌，这其中有无穷的奥秘。

　　因此大家可以在酿造味噌的过程中交换各自的故事。如果发现了新的方法，也可以在交流会上分享。做好的味噌可以拿去和大家一同品尝、交流心得，还可以偶尔一起尝试新的方法。

　　我和很多不同的人参加过制作味噌的活动，当看到他们脸上光彩熠熠的笑容时，我不禁会想，"味噌究竟有什么样的魔力可以让人如此快乐?"

　　我想，那快乐一定来自制作过程中的愉悦。再深入一些的话，那快乐来自现代社会中对"新鲜事物"习以为常的人们在体验"特别事物"时产生的愉悦。

　　发酵的乐趣在于"过程"。手作味噌从几百年前发展传承至今，在人们眼中当然不是什么"新鲜事物"，但是，它有其独特性。亲手将大豆和曲揉制成味噌，并陪伴其左右等待它熟成，这个过程充满只有自己才能体会到的"满足感"。即使用同样的材料，在同样的地方进行发酵，不同的人也能在这个过程中感受到不同的情感。另外，不同的环境会使发酵菌产生不同的生命活动，制作出的味噌也因此带有不同的个性。

我们公开所有的智慧和巧思

　　手作味噌可以让你享受过程，制作出的味噌又可以体现出你独有的个性。味噌的制作过程没有绝对的正确，任何人都可以在味噌工作坊里收获独属于自己的满足感。

　　这些就是手作味噌、手作发酵食品的魅力和那些光彩熠熠的笑容背后的原因吧。

　　另外，在信息过剩的现代社会，人们常常会苦恼于找不到"自我的特别感"，社交媒体上朋友圈不断地更新，各大媒体上光鲜夺目的"成功者"，我们每天在和世界各地的人做着比较。而从手作味噌中所获得的喜悦，充当着这些爆炸性信息中"新鲜主义"的前台这一角色，帮你从琳琅满目的新鲜玩意儿中找出"独属于你的那份特别存在"。

　　换句话说，如果你有什么自以为独特的想法，把它输入到谷歌里试试。这时你就会失望地发现，地球的某个地方已经有人考虑过这个问题了。因此，现代社会的人类为了证明自己是特别的存在，才会不遗余力地尝试追求新鲜事物。除了极少数幸运的人，现代社会里几乎所有的人都为"新鲜主义"的思维所困。这也导致大多数的人都将成功聚焦于"结果"，形成没有结果就没有办法证明自己的刻板印象。无论是工作，还是人际交往，人们都会因为过于看重结果而使自己承受无比沉重的压力。

　　因此，当人们久违地将自己的身体和大脑，聚焦于产生"结果"之前的"过程"时，必然会体会到那久违的愉悦感。将大豆和曲霉菌混合，通过自然的发酵产生美味。酿造过程虽然由我们看不见的自然的力量主导，但那变化的过程却实实在在。并且你自己的参与感越强，最后制作出的味噌就会越令你感觉美味和特别。

在那个瞬间，在那个地方，你感受到了自己。那种幸福感是无法拿出来比较的，甚至是无法述说的。这就是"独特性"，这就是手作味噌的魅力。用自己的手创造美味的食物，就是从"新鲜感"到"独特性"的飞跃。

网络文化与发酵文化的共通点

文化有两面性。比如网络的发达虽然带来很多弊端，但毋庸置疑的是它同时也带来很多好的东西。我从事的设计师工作，其实就是在进行"信息设计"。我小学时正值电脑编程和网络科学的黎明期，在很多优秀的 IT 社团中得到过熏陶和成长，因此养成了生活离开不网络的习惯。人们也把我们这种人叫作"宅男"。

我喜欢网络的根本原因是其具有"开放性"。比如，网络上的开放式辞典——维基百科、网络管理用的 Linux 系统，以及在网络上共享设计图之后利用 FAB 进行的 3D 打印设计。手作味噌文化和这些具有"开放性"的平台遵循着一模一样的发展模式。参与其中的人们无论是专业选手还是业余爱好者，都会慷慨地分享自己在比较擅长的领域里的经验。这些经验的集合构成了系统的知识体系，成为人人皆可学习和掌握的资源。

"发酵文化是开放的。"我之所以坚持这个观点，是因为我与网络文化一同成长，我理解的"开放性"其实就是"分享"，是超越社会固有身份而互相尊重的精神状态。所以说发酵和网络文化在根本理念上是共通的。

正因为如此，我做的发酵相关的动画、卡通人物以及工作室里的味噌制法，也都是完全公开的。这当然也受到我在信息技术教授多米尼克·陈（Dominique Chen）的指导下而得知的"知识共享"[3]概念的影响。

食育活动中可以自由播放我的动画、发酵食品菜谱等，我创办手作工作室的方法也全部公开于网络，供大家借鉴。当然，用我的动画或者乐曲做混音和视频剪辑也完全没问题。其实现在《味噌之歌》既有被用作音乐混剪的，也有改编动画片里的舞蹈上传网络的，一些卖曲的老铺或者味噌铺，也有直接用这部动画片在店头播放当作宣传。

发酵文化无论在过去还是未来，都应该是开放的、可传承的。

3　指在保有作品著作权的基础上，公开作品内容供大家自由组合和再创作，以提供开放的创作环境。我在章末会对引用书籍进行介绍。

我过去幸运地从当地的老婆婆或者酿造家那里学习到一些发酵技术，占为己有可太过分了。我得像老婆婆那样，继续将这些知识传递下去。然而，发酵的这场接力赛不同寻常，它的接力棒可以像微生物一样快速增长。所以我作为一个设计师的使命，便是将这根接力棒尽量传递给更多的人，做好传统和未来之间的传承人。我现在做的，就是赋予古老的、令人怀念的技术以符合当代文化的新魅力，使其闪闪发光；然后就是无论如何都要将我手上的接力棒尽可能多地传递下去。

我谈到的"开放性"，其实是我想要传承而采取的手段。申请专利和制定行业规则，是创建一个产业的重要手段。与此同时，传播知识和技术，扩大从业人数同样是一个产业发展的重要部分。创建一个产业和创建一种文化，就像飞机的双翼，对于一个行业都是必不可少的一部分。

"保护主义"过于盛行的话，一个行业就变成了只有专门的人生产，门外汉只能购买的单线关系链。这样的做法起初确实是有利于行业发展的，它会形成只有专业的人去大量生产商品，产生经济效益，继续刺激行业发展的良性循环。消费者在其中得到便利的同时，商家也获得了利益。

但是，这样的发展模式如果过了头，就会走向恶性循环。比如说味噌，以刚才所说的单线关系链模式发展下去，很有可能大家会渐渐不清楚什么是好的味噌。消费者在选购时，会产生"反正都一样，不如就买便宜的咯"的想法，这样一来生产者为了迎合消费者的需求，便会在原料和制法上妥协，去生产大量质量低劣的味噌。最终生产者"一味生产大量不明所以的味噌"，而消费者"也不明所以地购买着差不多的味噌"。这样的生产者和消费者，好像也很难契合发展需求。长此以往，总有一天这部分文化会消失。那可就太遗憾了。

所以，我认为手作味噌的未来必然是走向"开放"和"DIY"。

如果大家开始尝试亲手制作，便会知道所谓美味的味噌意味着什么，同时也能够理解那些酿造家的厉害之处。这样一来，去店里购买味噌时也能怀着尊敬为真正美味的味噌买单。当你真正喜爱上味噌，养成每天喝味噌汤的习惯，市场就会扩大，消费量也会增多。这么做与其说是为了让手作味噌占有味噌市场的一席之地，不如说是为了通过手作让人们懂得一个商品的内涵，从而使消费者真正成为这个行业的支撑者。

所谓文化，是专业的制造者和业余的消费者共同培育而成的。无论一个专家花费多大的功夫去改进自己的技术，如果没有真正懂得的顾客给出正确的评价，那都是没有意义的。

因此，在现代社会中，手作味噌不仅是我们在用自己的双手培养一个独特的兴趣爱好，更是在培育着一种珍贵的文化啊。

让我们一起来手作味噌吧！

注释

第二章的主题是"手作味噌和 DIY 文化"。

有关制作味噌的原理，我们在第一章已经通过《发酵》一书进行了介绍。而有关手作味噌文化的部分，我想给大家介绍岩城历[4]的《味噌中的民俗学——自家制味噌的魅力》。这是一本整合了全日本各地味噌制法的大作，包含了各地味噌制作现场很多不为常人所知的细节和故事。

本章中最主要的概念——"手作"，源于列维 - 斯特劳斯非常著名的文化人类学著作《野性的思维》。虽然是一本价格有点高的书，但有兴趣的朋友一定要买来读一下，绝对值回"票价"！

另外，如果只是想轻松地了解一下手作味噌的制法和文化，可以参考我的绘本作品《味噌之歌》。这本书可以和孩子一起阅读。书中也附赠有《味噌之歌》动画片的 DVD，

4　原名岩城こよみ。大阪产业大学讲师，日本民俗学会会员。——译者

您可以和孩子一边唱跳，一边做味噌。

本章后半部分所讲的"开放性"味噌文化和网络文化的部分，源于我的朋友——信息技术学学者多米尼克·陈的著作《创造自由文化的指南——通过知识共享实现的持续创造》。

有关DIY文化和发酵的关联性部分，是杂志*Spectator*的特刊《发酵的秘密》里各位专家和酿造家所述内容的延伸。我参与编写了该特刊的导言部分。

信息时代中知识和技术共享的部分，和发酵文化的发展息息相关。虽然发酵文化听起来很传统，但它正在以最先进、最贴近新时代的方式发展成当代的流行文化。

岩城历：《味噌中的民俗学——自家制味噌的魅力》(大河书店)

克劳德·列维-斯特劳斯:《野性的思维》

《味噌之歌》

杂志 *Spectator* 的特刊《发酵的秘密》

多米尼克·陈:《创造自由文化的指南——通过知识共享实现的持续创造》（Filmart 出版社）

· 了解有关味噌的所有

味噌大学：三角寛（現代書館）

· 有关发酵食品酿造法的大致轮廓

図解でよくわかる発酵のきほん：発酵のしくみと微生物の種類から、食品・製薬・環境テクノロジーまで：舘博監修（誠文堂新光社）

· 走进列维-斯特劳斯

レヴィ＝ストロース入門：小田亮（筑摩書房）

专栏 3

发酵文化地图

　　无论你游历于世界何处，在当地的餐桌上都少不了发酵食品。利用微生物制作食物的文化已经深深扎根于人们的生活，从普遍被全世界接受的发酵食品，到仅限于部分地域的特殊发酵食品，发酵食品的种类可谓成千上万。

　　为了便于大家了解，我尽我所能将这无穷无尽的发酵世界做了一版发酵地图，供大家参考。

东方起源和西方起源

　　最近，给欧美人介绍发酵食品的机会渐渐多了起来。当我给他们介绍味噌和酒的时候，他们常常露出惊讶的表情。这可能是因为东西方不同的发酵方式。

　　传统意义上的东西方分为以中国为中心的东方和以美索不达米亚到罗马帝国一带为代表的西方。发酵世界中的

发酵文化中的东西方世界
东:(从右到左)味噌,腌菜,酒,茶,酱油
西:(从左到右)红酒,面包,奶酪,啤酒,酸奶,伏特加酒
(对话框)东亚用霉菌制造鲜味!

分类法可不同于这样笼统的地理分类法。

发酵中的西方世界，包括利用麦子发酵而成的面包、啤酒和威士忌，红酒、苹果酒之类的果实酒，以及奶酪、酸奶等乳制品。这类发酵食品大多在比较干燥的气候环境中产生，因此发酵时不容易被杂菌污染。实际上我去参观特别制法的奶酪时，也了解到能够生长于那种特殊环境中的微生物少之又少。因此在这样相对安全的环境下生产的发酵食品，大多没有太强烈的咸味和酸味。西方世界更倾向于只用很单纯的原料进行发酵活动（虽然我在当地也见到一些很不可思议的发酵食品）。

与之相对的东方世界，包括用霉菌发酵而成的日本酒、绍兴酒等谷物酒，用豆子或麦子酿造的调味料，以及用醋酸菌发酵椰汁而制成的椰果等，大多都是利用多种原料和菌的不同组合而制成的。值得一提的是其中的霉菌，无论是日本料理还是韩国料理，越南菜还是印尼菜，用霉菌制造"鲜味"都是其饮食文化中重要的一部分。因为东南亚地区高温高湿的环境，当地人常常用很多盐来防止杂菌，所以这些地方的发酵食品多是咸的、酸的，甚至是臭的！无论是利是弊，发酵的地域性和多样性多少都反映了当地的文化。

标准化发酵和特殊化发酵

　　除了不同地域会造就不同的发酵文化，不同的嗜好也催生出了不同的发酵文化。我在这里就暂且把它们叫作"标准化发酵"和"特殊化发酵"。

标准化发酵　大家都很喜欢！
面包，啤酒，酸奶，酱油和味噌

特殊化发酵　小众发酵食品！
发酵茶，韩国泡菜，日本熟寿司，
威士忌，蓝纹奶酪

标准化发酵的典型是面包、酸奶、啤酒等无论哪个文化圈的人都可以接受的发酵食品；而特殊化发酵是我之后会在第三章详细说明的腌红芥菜、臭鱼干之类的，是些"喜欢的人超级喜欢"的比较小众的发酵食品。近年来随着全球化的发展，西方柔和且简单的发酵食品渐渐在亚洲的餐桌上出现；而在欧美不少中国餐厅或日本餐厅，也能够看到越来越多的西方人开始接受东方复杂且丰富的发酵食品的味道。

但是，像法国和意大利特有的蓝纹奶酪、水洗奶酪等，无论是在日本国内还是国外，都只是面向少数人的发酵食品。更不用说日本的熟寿司和中国的臭豆腐，这类发酵食品怎么看也绝不会成为人人都可以接受的大众食品。

不过话说回来，也没有必要让所有的发酵食品变成大众食品啊。只在那片土地上，用当地传统的制作方法面向少数人制作出来的"美味"，才让各地的发酵文化更加多样而富有魅力。

如今我们处于无论身在何处都可以去别的国家自由旅行的时代。在这样的时代背景下，完好保留在当地的发酵食品，说不定哪天会和你有一场"高山流水遇知音"的浪漫相遇呢。

日本，"霉菌发酵圈"

　　日本发酵技法属于发酵的东方世界，同时日本也是培育"发酵霉菌"技术最先进的地方。

　　从发酵的多样性来说，东亚地区的第一发酵大国当然要属中国，但要说到发酵霉菌的制曲技术，日本可是独一无二的存在。

　　如果被问起"日本发酵文化的特点是什么"，答案绝对是"精通霉菌发酵"。

第三章

在限制中发展，
发酵文化的多样性

——变劣势为优势的设计术

发酵中的创新受人瞩目！
一片土地上独有的发酵食品！

本章概要

　　第三章的主题是"发酵文化的多样性"。

　　这一章将通过介绍我在日本各地遇见的有趣的发酵食品，深入剖析蕴含了一片土地情感记忆的乡土饮食文化。通过本章的分享，你或许可以理解从现代科学的角度无法解释的一些发酵食品的内在逻辑。

本章主要讨论
▷ 腌红芥菜中的无盐乳酸发酵
▷ 棋石茶的二次发酵
▷ 臭鱼干中复杂的发酵

发酵中的文化多样性

从列维－斯特劳斯提出的"手作"概念开始，我心中一直有"为什么世界上有如此多样的神话和文化"的疑问。

解开这个疑问的钥匙，就在神话诞生的不同地方。那些故事可能诞生在热带雨林或者雪域高原，也可能发生在海边或者大山里，那里可能十分潮湿，也可能分外干燥。不同的气候环境孕育了不同的地形和植被，也造就了当地独一无二的风土人情。

比如因纽特人的创世神话中，有关海的女王——赛德娜[1]的描写。赛德娜因激怒父亲，连同自己的爱犬被扔进大海，试图求救的赛德娜还因此被父亲砍下了手指。从那以后，赛德娜和自己的爱犬变成了海中的神，主宰着世界，而被砍下的手指则变成了众多海豹。第一章讲述过的日本创世神话《古事记》就不同了，残暴的素盏鸣尊大神通过霉菌发酵的酒灌醉八岐大蛇，并用剑砍掉大蛇的八个脑袋。此剑之后被当作建国之基，受人们瞻仰。读了这两个地方的创世神话就会立马理解，不同的神话反映了当地不同的风土人情和生态环境。素盏鸣尊大神所在的出云国没有海

1　出自生活在北美接近极北地区的因纽特人的神话故事。赛德娜又叫"海的女王"，掌管所有海洋生物，也被认为是人类的祖先。

豹，而因纽特人所在的加拿大的冰河也不存在日本曲霉菌。

手作人的思考方式是，从野生的自然环境中利用已有的材料通过手作的方式塑造符合人类社会规则的物品。反过来看，从人类社会的规则也可以反观自然的属性。也就是说，"一片土地诞生了只属于那片土地的文化"。这和"给爱的人的专属味噌"有异曲同工之妙。

作为发酵设计师，在各地品尝各种发酵食品时，我发现且将当地的风土人情一起融入了我的身体。接下来我给大家举几个有趣的例子。

无盐乳酸发酵，腌红芥菜的美味

长野县木曾町有一种不可思议的腌菜——腌红芥菜。为什么说它不可思议呢？是因为它不同于别的腌菜，在制作它过程中不使用食盐。我们已经在味噌酿造部分解释过食盐的作用，在高温高湿的日本，使用食盐被认为是防止腐败最便捷的方式（古时有在家里的墙角撒食盐的习惯，相扑比赛之前也有在赛场上撒食盐以驱邪气的传统，食盐在发酵中也起着相似的作用）。那么，为什么腌红芥菜不用食盐呢？

要想解开这个谜团，必须从当地的历史和技术发展历程入手。

　　首先在历史上，腌红芥菜可能起源于3000多年前。与别的乡土料理一样，有关其起源也没有任何正式的文字记载。我想应该是出自一位爱琢磨的母亲之手吧！又或者，只是当地的风土环境下孕育出的食物。毕竟神话并不是由人类创造，而是自然借用人类之手创造了神话（这是文化人类学家的思考方式）。

　　被深山环绕的木曾町曾经是连接东京和京都的"要塞之地"，因此也是东西两地商品贸易比较活跃的地方。当地饮食文化丰富，也残留了很多江户时代武士家雄伟的宅邸。总之古代的木曾町，是深山里一座繁盛的小城，但它唯一短缺的，是"盐"。

　　日本的制盐技术主要是制作"海盐"，不像远离海洋的中亚和欧洲地区拥有从大山里开凿"岩盐"的技术。岩盐，是由地壳运动带上来的地下海水蒸发结晶而成。作为气候潮湿的岛国，并没有能使海水自然蒸发的气候环境，也不存在咸水湖。因此，日本多利用以人力使海水蒸发结晶而成的"海盐"。在这样的背景下，对远离海岸的山中小城来说，"盐"自然就成了稀缺品。

　　因此，当地人就开始琢磨"如何不用盐来制作可保存的食物"，便有了腌红芥菜这种独一无二的发酵食品。

　　接下来从技术的角度来解读腌红芥菜产生的原因。所谓腌红芥菜，简单来说就是"利用乳酸菌发酵红色芥菜的叶子而制成的一种腌菜"。具体如何做呢？在每年最冷的11—12月之前，正是做腌红芥菜最好的时节。天气刚刚冷下来时，将新鲜的芥菜叶子在60℃左右的热水中烫一下，然后塞进缸子，移至20℃—30℃的屋内发酵数日至两周。

别看方法简单，如果要科学地分析其发酵过程，可是相当复杂呢。首先是季节。日本11—12月之前的那段时间，是一年中干燥且稍微有些冷凉的时候，食物最不容易腐败。一旦过了这个绝妙的时机，等冬天霜降之后天气变得阴湿，杂菌也会变得活跃。

其次，红芥菜的叶子上附着有多种天然乳酸菌。在过热水之后，可以将叶子上附着的其他杂菌去除，过水后柔软的叶子也更容易让乳酸菌进入。叶子如果煮过头了，必不可少的乳酸菌也会被杀死，因此"在60℃左右的热水中烫一下"是制作的重点。另外，温暖的室内（20℃—30℃）是最适合乳酸菌生长的温度，所以发酵活动一定要移至室内进行。发酵过程中，乳酸菌生长繁殖会产生大量酸性物质，这时整个发酵环境的 pH 值会下降到5.0以下。强酸环境同高盐分环境一样，可以起到防止食物腐败、延长食物保存时间的作用（与酸奶和醋的防腐原理相同）。

这样看来，腌红芥菜的原理和豆乳酸奶的酿制一样，都是利用植物中天然存在的乳酸菌发酵形成强酸环境以制作可长期保存的发酵食物。

腌红芥菜的发酵过程：红芥菜的叶子→放入发酵缸→发酵。因为没有放入盐，所以特殊的乳酸菌才能生长

　　腌好的红芥菜有着独特的风味，因为是芥菜的叶子，吃起来也比菠菜叶多一些嚼头，咬一口，里面浸入的酸爽鲜美的汁水就在嘴中扩散开来，和米糠腌菜、米醋渍菜的味道完全不同。虽说和豆乳酸奶的发酵原理是一样的，但味道上又比酸奶多一些鲜美。

　　当地人会将腌红芥菜放入年菜或者日常食用的味噌汤、荞麦面汤汁里一起食用。一开始吃到的时候，你可能会感觉是有些"奇怪"的味道，但越吃越上瘾。木曽町当地人每年一到冬天便蠢蠢欲动开始准备腌红芥菜，每家每户都会囤尽量多的红芥菜来把自家的腌菜缸塞满。

这让人欲罢不能的鲜味到底是什么呢？据专门研究乳酸菌的冈田早苗教授的研究分析，这种鲜味成分是"一种存在于蛤蜊中的鲜味物质——琥珀酸"。这种成分在植物体中并不存在，只有通过附着在红芥菜上特殊的乳酸菌（胚芽乳杆菌、发酵乳杆菌、德氏乳杆菌等）的发酵，才可以产生在别的腌菜中尝不到的独特蛤蜊鲜味。至于为什么只有在腌红芥菜中才能培养出这几种特殊的乳酸菌，那是因为腌红芥菜产生不同于别的腌菜的"低盐环境"。通常的米糠腌菜和曲霉菌腌菜都会使用到大量的盐，所以腌制过程中只有可以抗强盐的乳酸菌才能够生长。而腌红芥菜中几乎没有盐分，才使木曾町这片土地中潜伏的不耐盐乳酸菌有了崭露头角的机会。它们通过发酵过程分解芥菜叶子中的营养成分，将普通的"芥菜味噌汤"变得像"蛤蜊味噌汤"一般鲜美。这是远离大海的木曾町人的智慧！真是佩服佩服！

腌红芥菜里的乳酸菌，在乳酸菌大家族里算是厉害角色。普通的乳酸菌发酵，比如酸奶、普通的腌菜等，主要产生酸甜爽口的"乳酸"。腌红芥菜里的乳酸菌，除了产生乳酸，还有别的代谢途径。它们的代谢过程只产生少量的乳酸，其余的能量则用于生产一些香味物质或者鲜味物质，有一些更有能耐的家伙可以像酵母一样产生酒精和碳酸气体。那感觉就像看到白天上班，晚上还能去夜店打碟的家伙。

腌红芥菜之所以有着独特的风味，就是因为这些厉害角色的存在。而留住它们的关键，在于"不能放盐"。

接下来我想分享一下我在木曾町当地的见闻，以及当地的文化背景。

腌红芥菜同味噌一样，属于纯粹的 DIY 文化。制作腌红芥菜的人也是一群平凡的母亲。她们平时可能是普通的上班族、家庭主妇或者农民，但一到制作腌红芥菜的季节，她们敏感的雷达就同时接收到信号，变得兴奋起来。看样子她们好像进入了"腌红芥菜模式"一般，兴致勃勃地全力准备，整个人都变得光彩熠熠。

这其中有一些打头阵的领军人物，被称为"芥菜名人"。在木曾町，我观察到有很多腌红芥菜的小团体举办的品尝会。在会场你会听到"那家伙可会做了"之类的评价，这些"家伙"就是"芥菜名人"了。她们在这些团体中就如网红一般，她们做的"头茬腌菜"，会被粉丝们分着带回家以复刻心中"芥菜之神"的味道。

腌红芥菜界就这样形成了类似于社交媒体上的博客文化。而"芥菜名人"就像人民的英雄一般，备受尊敬，人人敬仰。

另外，刚才讲到的根据冈田早苗教授对腌红芥菜这种鲜味物质的分析，"统计学上鲜味物质最好的组合"正是当地的"芥菜名人"腌制的芥菜。这么看来，木曾町当地母亲们的舌头还真是灵敏啊！

动画片《木曾之歌》中做腌红芥菜的样子（插画家：千浦真由美）

高知县北峰地区，世界上少见的酸味棋石茶

我20多岁的时候，经常到中国出差、旅行。当时我所在的化妆品公司是基于中国传统中药做商品研发的，所以我也在那个时候对中国的饮食文化和中医学产生了浓厚的兴趣。

其中，我最感兴趣的要数中国独特的发酵茶文化了。在中国，除了家喻户晓的乌龙茶、茉莉花茶，还有众多种类的茶，其中就包括很多利用微生物发酵而成的发酵茶（熟成茶）。发酵茶里最有名的要数产于中国西南部云南省的普洱茶，另外还有产自西藏高原地区看起来像砖块的酥油茶，以及茯茶。我甚至还品尝了很多发酵了几年、几十年的古老陈茶。中国的茶文化可真是深奥啊！

但你或许不知道，发酵茶文化其实在日本也同样有着悠久的历史。最早传入日本的茶，大概率是发酵茶。

9世纪初，被派往中国（唐）的遣唐使、天台宗的始祖——最澄，最早将中国的茶和茶树带到日本。最澄带回来的茶树，被栽植于高野山和东近江市附近，目前那里还保存着当年的一小片茶园（如果你去滋贺县，可以在当地寻找一下所谓的政所茶，那就是最澄带回来的茶树的后代）。

至于最澄带回来的中国茶，应该是被称为"砖茶"的一种发酵茶。为什么叫作"砖茶"呢？是因为这种茶在焙煎之后，为了便于运输和储存，会将茶压缩成砖头的形状使其自然发酵。那之后的"黑茶"，就是利用这种"焙煎过后压缩成形"的制茶技术发展而来的。

这种茶古往今来都是受国外游客青睐的送礼佳品。古时旅行大多路途艰难，历时又长，走个三四年也不足为奇。因此，对于那时千里迢迢到中国旅行的行者来说，砖茶可是再完美不过的礼品了。

但是，砖茶传到日本后并没有扎下根。

这是为什么呢？我想这和酒一样，日本人归根结底还是喜欢清爽的口感。所以在日本，主流茶文化还是喝刚摘下来的新茶。尽管如此，在日本还是有很小一片区域保留了当年最澄从中国带来的发酵茶文化。那就是高知县北部，位于四国地区中心被山峰环绕的北峰地区。当地到现在还保留着制作发酵茶——棋石茶的习惯。

加工这种茶的地方，全日本只有一处。那是位于深山里一处看似古老仓库的地方。去往这个制茶加工场的路奇险无比，和中国西藏的山路有一拼，路又十分狭窄，只有小型机动车才能勉强通过，感觉稍一不留神就会摔下悬崖。

棋石茶的制茶场，就在这样偏远的地方。制茶的原料，就来源于加工厂旁边陡坡上的茶园。这茶园也不一般，腿脚不大健硕的人在那斜坡上站都站不稳。当地人每年6—7月采茶。

聪明的读者应该又想到了："这不是霉菌最活跃的时候吗，对吧?"

没错。棋石茶就是利用第一章讲到的霉菌发酵而成的。这也证明了它是"最澄的茶"的子孙。

接下来，我简单介绍一下棋石茶的历史。

棋石茶的起源可以追溯到4000多年前，但历史上没有详细记录。首先能肯定的是，棋石茶的制作技术和中世纪以后日本的主流制茶（绿茶）技术完全不同，反而和位于中国边境地区的发酵茶的制法比较相似。

另外，同一般的发酵食品不同，当地人并不常饮用棋石茶，而主要卖往濑户内海另一边的广岛县。当地人受到制茶时间的限制，每年都在6—7月份把制棋石茶当作"季节性劳动"来挣一笔外快。可是到了昭和年代，不知为何棋石茶的消费量骤减，当地的茶社只剩下现在的小笠原。进入21世纪后，随着健康食品的流行，近些年棋石茶消费量稍有增长，但当地也还是只有小笠原一家手工制茶所。

我在这家制茶所品了一下棋石茶。刚入口，只觉得"好酸"，根本想不到这是茶的味道。其实，棋石茶这独特的味道，是源于连中国现在都很罕见的"二次发酵"技术，需要经过极其复杂的发酵。

接下来，我从技术层面简单介绍一下棋石茶的发酵过程。首先每年的6—7月，从茶树上摘下嫩叶焙茶，这和普通的制作绿茶的步骤一模一样。之后，将蒸过的茶叶平铺在仓库地上的席子上，就在这一张张历史悠久的席子上，霉菌会悄悄住进软软的嫩叶里（这里的原理和蒸好的米饭上长曲霉菌一样）。茶叶在席子上放几日后，就要进行接下来的发酵步骤了。将茶叶和蒸茶叶时剩的水倒入发酵缸，再垒上像小山一样的石头，使茶叶在这一个个古老的缸中发酵数周。发酵完成后，将石头一个个挪开，拿出已经被压实的茶叶块切成3厘米见方的小块，然后移至室外晒干。据说如果赶上连续下雨的天气，茶叶的质量会大打折扣，可以说棋石茶的制作完全是"靠天吃饭"的古老技艺，宛如桃花源里的农作状态。

这就是棋石茶的二次发酵。第一步是让霉菌附着在叶子上，第二步是放入缸里进行厌氧发酵。前者需要在有氧的条件下使霉菌得到充分生长，而后者的厌氧发酵则是为了让乳酸菌增殖。不同发酵环境的合理切换，让不同的发酵菌密切配合完成一场完美的接力赛。

再继续说得详细一些。

发酵中霉菌到乳酸菌的传递顺序是十分重要的。这是为什么呢？因为微观世界里的茶叶细胞是很坚硬的。不能够自行移动的植物，为自己建造了坚固的细胞壁，并且细胞中还含有一些对其他生物有毒的物质，以保证自己不轻易被昆虫吃掉。也正是因为植物健全的保护机制，有些小孩子才不喜欢吃青椒等含有难消化纤维（细胞壁）和特殊

棋石茶的发酵：蒸附着有霉菌的茶叶→放入发酵缸密封，使乳酸菌发酵→将发酵好的前文茶叶块切成小块→兼具霉菌产生的香味和乳酸菌产生的酸味的独具一格的茶

气味的青菜。植物的细胞壁能有多坚硬呢？大家不妨想象
一下用来建造房屋的木材，它们其实就是死去植物的躯干，
没有水分的细胞只剩下细胞壁里的纤维物质，就可以支撑
起一座座房子为我们遮风挡雨。

　　面对如此坚硬的细胞壁，微生物们又如何破壁而入呢？
这时就轮到我们"进击的巨人"——霉菌出场了。

　　霉菌附着到植物上后，会将自己长长的菌丝伸进植物
内部，并释放氧气将植物细胞的铜墙铁壁摧毁以获取细胞
内部的营养成分。刚才所说的霉菌发酵的第一步，其实就
是利用霉菌先打破植物坚硬的细胞壁。至于棋石茶所用霉
菌的具体种类，有一些是和曲霉菌同属的曲霉菌属真菌，
还有一些是用于制作抗生素的青霉菌属，以及用于制作奶
酪的毛霉菌属。[2]

　　霉菌的分解能力是惊人的。它们甚至可以腐蚀掉我们
木制建筑的房梁。木材中的主要成分是"木质素"，这是除
了"腐蚀菌"一类的霉菌，其他微生物都难以分解的一种
坚硬纤维素。

　　然后，移至发酵缸中的茶叶和微生物又发生了什么变
化呢？首先，被破坏了细胞壁的茶叶，极易附着大量的乳
酸菌。因为乳酸菌没有什么能力去破坏坚硬的细胞壁，却

2　引自折居千贺著《用菌制茶的科学》。

十分喜欢细胞中的糖分。当霉菌帮助乳酸菌打开通路之后，乳酸菌就迅速集结到溃败的细胞中汲取所需的糖分和其他营养物质，产生类似酸奶中的酸（乳酸）。这就是棋石茶中酸味的来源。

等等，但是在我品尝棋石茶的时候，除了酸味还有些普通绿茶里没有的香味，那又是为什么呢？于是我查了第二次发酵阶段中乳酸菌的种类。果然！其中竟然包括腌红芥菜里也有的胚芽乳杆菌。

霉菌发酵产生的醇厚味道和乳酸菌发酵产生的酸味、鲜味遥相呼应，构成了棋石茶如同调味料一般的复杂的风味。实际上，濑户内海地区也还保留有"棋石茶泡饭"的料理。这和腌红芥菜还真有异曲同工之妙！

高知县北峰地区深山里的茶园

　　另外，我对这种发酵过程还有一些自己的理解。我注意到不论是一次发酵用的席子，还是二次发酵用的缸，都是重复使用的古老用具。这莫非是为了让发酵菌能一直"栖息在这些容器中"？在古老的宅子里，不论是木材的裂缝还是墙上的裂纹，都很容易积蓄微生物。那么这偏远山村里的制茶所，一定懂得这个道理。所以可以合理推测这样看似省事的做法，其实是这历史悠久的制茶所在用心保护着"上百年来茶厂里形成的微生物生态圈"。

　　我还想起文献中有记载，在缅甸和中国云南省有和棋石茶制法很像的一种叫"酸茶"的饮品，我甚至还品尝过。

　　我记得酸茶的制法是将茶叶塞进竹筒里，埋入土中发酵。发酵好的酸茶如同煮好的粥，所以在我的记忆中它不是茶，而是可以当饭吃的食物。但是那味道，我想了一下，确实和棋石茶的味道很像。

　　为什么缅甸会有和日本高知县大山里相似的发酵食品呢？这确实是个引人深思的问题。事实上，也能在尼泊尔料理中找到与木曾町的腌红芥菜相似的腌菜Gundruk。东南亚、南亚和日本之间，貌似还有什么我们没有发现的发酵文化上的关联……

　　说到茶的起源，在中国，从云南到西藏的"茶马古道"可以说是重要的一支源头。"茶马古道"有茶叶的"丝绸之路"之称，是从7世纪一直持续至今的一条商贸通道，最开始只是为了方便云南各地生产的茶和西藏牧养的马进行交换。随着世界各国商贸的发展，这条路也渐渐延长，西边最远可以延伸至印度，北边到了俄罗斯，东边可达朝鲜半岛。这么看来，棋石茶很有可能是通过朝鲜半岛传到日本的……我们的棋石茶说不定也是由古罗马时代远方游历至此的吟唱诗人带来的呢。

玩笑归玩笑，现在回到正题。做有机农业的相关人士在这里或许可以发现，棋石茶的发酵过程和"堆肥"的过程很像，都是先利用霉菌将植物的细胞壁打碎，使别的微生物可以将其分解成小分子物质……

我在中国的制茶老师曾经做过这样一个比喻，说"发酵茶（黑茶）是茶叶重回土地前短暂的烟火般令人惊艳的味道"。叶落归根，茶叶在重回土地之前，耗尽所有的生命力将这份精彩交到我们人类手上。棋石茶，就是教给我"自然之宽广厚重"的哲学家啊！

新岛强劲的发酵技术——臭鱼干与其抗菌作用

因为有熟人的缘故，我十年间经常前往伊豆群岛里的新岛一带（属于东京都地区）。那里的夕阳很美，我和朋友经常在那美景下烧烤。其中，每次烧烤都必吃的就有"臭鱼干"。臭鱼干在当地发酵食品中可是有举足轻重的地位，简单来说，那是一种将鲭鱼、竹荚鱼、飞鱼等泡入"臭鱼腌鱼汁"里一段时间，然后拿出来晒干的鱼干。臭鱼干和腌红芥菜一样，历史上对其发酵技术的记载少之又少，知道的人对臭鱼干的认识也只停留在"是一种闻起来很臭的发酵食品"而已。

臭鱼干，被认为起源于江户时代中期的新岛。其诞生的背景，也与"盐"有关。

木曾町因为处在远离海洋的山村所以缺盐，而新岛这样的渔村，虽然是海盐的产地，但由于海盐作为税收被政府严格管制，用盐也受到很大限制。

古代没有像现在一样方便的冷冻技术，可以供我们随时随地吃上新鲜的生鱼片。过去的渔村，完全是靠着捕鱼的季节来过日子的。到了捕鱼季，每天的鱼是吃也吃不完，但到了休渔期，经常一天什么也捕不到。所以渔民们开始思考，如何将捕鱼季盈余的鱼保存下来以便休渔期食用呢？比如，鲭鱼和竹荚鱼作为腌制臭鱼干的原料，通常在夏季会大量捕获，所以更加容易腐败。想在夏季将这些鱼储存下来，只有"盐渍"或者"晒干"两种方法。"盐渍"是利用高浓度盐水使鱼体内的水分满溢出来而起到防止腐败的作用。但新岛地区的盐需要严格按照规定大量上交江户时代的政府，所以便诞生了当地独特的"重复利用高浓度盐水来腌鱼"的方法。用盐渍鱼时，由于海产品的味道很大，

くさやの発酵
魚の干物をプールに漬ける
天日で干す
ぐぐぐ強烈なニオイ…!!
数百年継ぎ足し続けた秘伝の漬け汁がポイント!
身は和風のでおいしい

臭鱼干的发酵：将鱼干浸入腌鱼汁里→在太阳下暴晒→散发着强烈臭味的肉变得柔软香甜，制作的关键在于历经数百年传承下来的秘制腌鱼汁

人们通常会在腌渍期间多次换水。而新岛因历史问题，形成了重复利用盐水汁腌渍的方法，可想而知那汁水有多么强烈的气味了吧！

大家可以继续回想一下，学生时代班级里总会出现的那些"怪才"。他们可能是沉迷于铁道的宅男，也可能是每天捧着昆虫观察的怪咖，但也正是这些人，长大后或许就成了电视里报道的"铁道天才少年"和"世界昆虫博士"。这时人们再也不会说他们"怪"了，而是评价他们："那家伙啊……或许是个天才呢！"

臭鱼干或许就是这样的"怪才"。最初当地人只是觉得"虽然很臭，但也没办法，所以勉强吃吧"。但之后不知哪一天，或许是一位江户时期有影响力的人物突然发表这样的演说："喜欢珍味佳肴的大家一定要尝一下！我们在新岛地区新发现了一种闻着臭却让人吃到停不下来的珍奇美味！"

从此，新岛的臭鱼干就这样一炮而红（只是我想象的发展过程），变成当地有吸引力的特产之一。在日本，如果你搜索"臭的食物"，显示在第一行的应该就是"新岛的臭鱼干"了。稳稳的高曝光率！

从设计学的角度来看，臭鱼干是"创造新价值"的典范。怎么说呢？1960年代以来的主流审美是明快且合理化的"摩登设计"，但其间以横尾忠则[3]和宇野亚喜良[4]为代表的原生态和超现实主义对设计界以及美术界形成了不小的冲击。而后在此基础上发展出了与"摩登设计"相对的"前卫艺术"。

江户时代的臭鱼干，可以看作"前卫艺术"的产物。这种特别的发酵食品变成流行的过程就如同现代社会有一

3　日本著名平面设计师、画家。常以独特的视角重新诠释家乡的风景，喜爱瀑布和 Y 字形路口。

4　日本著名平面设计师、画家。擅长描绘各种玩偶形象，是前卫艺术的代表人物。

部分人追捧"变态辣食物"一样（好像越辣越开心、越特别、越前卫）。

另外，跟大家分享一下我在日本"前卫"的发酵食品——臭鱼干的加工厂（新岛水产加工业协同会）的见闻。

虽说现如今臭鱼干已经是伊豆群岛一带相对普遍的发酵食品，但要了解臭鱼干和其历史，还是要回到新岛。因为在新岛，也就是新岛水产加工业协同会的地下，存放着最早的"腌鱼汁"（盐渍用的汁）。

我鼓足勇气凑近这持续腌鱼200年以上的腌鱼汁，那汤汁冒着泡呈水泥般的深灰色，凑近一闻，完全就是旱厕的臭味啊！但是，除了氨气的刺激性臭味，好像还有一些特别的味道混杂其中。那味道如同"躺在床上喝醉酒的女人，花了的妆容下散发出的微妙香气"。"旱厕的臭味"是

保存了200年以上的腌鱼汁

很好理解的，但最后的那一丝"微妙香气"又是什么呢？我调查之后发现，那是存在于银杏或者刚脱下的袜子中的n-丁酸和有焦香气味的丙醛的混合物。

我听协同会的人说，明治至昭和初期，几乎每家每户都会自己酿腌鱼汁，大正元年（1912年）发展到了最繁荣的时候，当地大概有155家腌鱼作坊。然后进入昭和时代略有减少，到昭和五十年（1975年）时只剩下28家作坊了。想象一下我们回到腌臭鱼繁盛的年代，新岛一带岂不是从夏天到秋天一直都飘散着"臭鱼干"的"香气"啊……

到2017年，臭鱼干的制作已经基本变成只由协同会生产的一元化生产模式，在保证稳定的质量同时，我们也能理解臭鱼干的发展历史——在"限制和发展"中发展而来的"DIY文化"的一部分。

臭鱼干从江户时代开始时兴后，周围岛屿的人也去到新岛，带回去一些腌鱼用的老汤来制作臭鱼干，渐渐地，这腌鱼技术就传播至整个伊豆群岛区域。另外，在遥远的鹿儿岛，由于每年也会捕获大量的鱼，据说当地也有类似的腌制技术。只不过腌鱼汁就不尽相同了。现在鹿儿岛这一部分的文化有没有被传承下来还是个问题。

如果科学地分析一下各个岛屿上腌鱼汁的成分，每桶腌鱼汁中的微生物组成都是大不相同的。单纯从含盐量来说，八丈岛的腌鱼汁中含盐量最高。

说了这么多，那人们到底是怎样食用臭鱼干的呢？

如果是在街边的居酒屋里，当然是用来配烧酒吃；而在新岛地区，人们也会在野外烧烤时食用。

作为下酒菜的食用方式很好理解，但新岛地区的人们为什么会在野外烧烤时食用臭鱼干呢？其实这是因为，臭鱼干"越烤越臭"。通过烧烤，刚才讲到的"焦香气味"得到进一步挥发，形成以烤鱼干为中心、方圆数米的"特殊亚空间"。受不了这气味的人自然被挡在这个亚空间之外。而享受其中的人们，把烤好的臭鱼干放入口中，那是无法言说的愉悦。通常，鱼干这类食物加热后会变软，而臭鱼干中的臭味也会随着加热大量挥发出去，所以放入嘴中就感受不到什么臭味了，反而有像奶酪一般浓厚的香气。再配上一口新岛的烧酒，这份美味在嘴里打着转，转着转着就融化了。

确实可算得上珍味！这或许就是江户时代那位能享受臭鱼干的人物当年的感受。

而且烧臭鱼干的气味可以天然形成一个如同地下酒吧般氛围的"亚空间"，不受人打扰，只和志同道合的人享受美食，岂不妙哉！如果有机会能得到新鲜的臭鱼干，一定要在野外烤来尝尝，它真的是不可多得的珍奇美味。

接下来，要从科学的角度分析一下臭鱼干中的奥秘。

我从新岛协同会要了一些原始的腌鱼汁回家分析，在显微镜中发现了各种各样扭动着身体的微生物，乌泱乌泱的一片。但其中，猛地一看并没有别的发酵食品中常见的曲霉菌或者酵母之类的微生物。于是我开始查找各种文献资料，发现其实臭鱼干并不属于传统意义中的发酵食品，它所代表的是一个不可思议、没有任何标准的微生物群（由不同微生物形成的生态系统）。震惊！

如果不算是普通意义上的发酵食品，那么臭鱼干又是怎么做到不腐烂的呢？

我们在专栏2中介绍了日本常见的防止食物腐败的方法：盐渍、糖渍；控制酸碱度；利用高浓度酒精。

以上几种，好像没有一个是适用于臭鱼干的。

臭鱼干盐分浓度大约在3%，pH值保持在中性。因为没有酵母的存在，所以不含酒精。

腌鱼汁，盐分并没有太高，中性，液体。这不就是"海水"的环境吗？大海作为生命的发源地，地球上生物的一半以上都诞生于此，包括现有的陆地生物。作为"生命的摇篮"，其中也孕育了各种各样的微生物。当然也包括容易引起腐败的杂菌。从防腐方法上来讲，味噌和酱油的酿造遵循"防御式"发酵方式，而臭鱼干采取的是"非防御式战略"。因为鱼的表面附着有生活在海洋里的多种杂菌，稍不留神就会引起腐败。

但臭鱼干却不会腐败。这种腌制食品，到底有着怎样强大的防腐能力呢？

　　这其中的奥秘，还是在那腌鱼汁中。腌鱼汁可能有突出的抗菌消炎作用（抗生作用）。据新岛当地的人说，过去，如果谁身上有伤口，就会将腌鱼汁涂抹在伤口上，有防止伤口化脓的功效（虽然现在我在当地并没有看到这样的做法）。

　　继续深入研究一下的话，可以确定产生抗生物质的几种特定微生物。棒状杆菌属里就有一种细菌，可以抑制会导致吃坏肚子的致病大肠杆菌、金黄色葡萄球菌和肠炎弧菌的生长，可以当作“天然的抗生素”。但是需要注意的是，研究生理医学的老师经常关注的棒状杆菌多是可怕的致病菌，其中以白喉棒状杆菌为代表。

　　腌鱼汁里存在的棒状杆菌，是十分罕见的一种非致病菌（*Corynebacterium kusaya*）[5]，它非但不会对人体造成伤害，还能在某种程度上保护人类的健康。另外，还有大名鼎鼎的青霉菌属的一种可以产生抗生物质的青霉菌也在臭鱼干中被发现。所以可以合理推测，这种青霉菌对于臭鱼干的防腐和保存功不可没。但是，为什么这种青霉菌会在臭鱼

　　5　参考清水潮、坂田恭子、相矶和嘉著《臭鱼干的研究报告－Ⅲ *Corynebacterium kusaya* 产生的抗生物质的分离和其形状分析》（《日本水产学会杂志》1969年6月号）。因为是近50年前的论文，有可能并没有完全鉴定出所有的菌种。

干上存在呢？这或许和新岛臭鱼干加工场以前的用途有关。这里之前是鲣鱼片的加工厂，而鲣鱼在发酵生产过程中，会有可以防止腐败的霉菌参与进来。或许就是那时残存下来的青霉菌，扎根在腌鱼汁中了吧。

继续分析腌鱼汁，还会发现一些对棒状杆菌释放的抗生素有强烈耐性的菌种。换句话说，腌鱼汁里的微生物环境和一般的发酵食品是完全不同的。就像森田真法有关棒球的著名漫画作品《菜鸟总动员》中的情节一般，因为有强敌的存在，集结不良青年成立的棒球队反而被激发出最强的团魂变成了最强队伍。这些不可思议的微生物狠角色也是在复杂的环境中，团结一致造就了独具一格的发酵食品。

虽然"为什么不会腐败"这个问题，得到了某种程度的解答，但事实上，臭鱼干的发酵过程还有很多无法解释的地方。比如，"为什么臭鱼干是臭的？""为什么臭的同时又是香的？""寄生在臭鱼干中那么多千奇百怪的微生物又是从哪里而来？"……

我在这里对臭鱼干中的科学奥秘的解说，都是以藤井建夫博士的著作《咸味·臭鱼干·鲣鱼片》为基础的。但是从2002年进行的腌鱼汁中微生物DNA序列测定的实验数据来看，又发现很多在之前分离实验（将微生物从生存环境中分离出来）中没有观察到的微生物种类。这说明，臭鱼干中还有很多未知的微生物。

在这里我还想再次补充说明一下。

在我们生活中常见的发酵食品里，有大量像臭鱼干一样无法解释的科学原理。至于为何历经十年以上的研究仍无法解开这其中的谜底，有以下两个原因：

一、存在难以从环境中分离出的微生物；

二、对于多种微生物协同作用的发酵过程，比较难进行分析。

通常对发酵现象进行科学分析时，需要先从食物中分离出微生物再移至实验室进行科学实验。在实验室中，分离出的微生物需要先接种到适宜的培养皿中，微生物生长繁殖后才能够进行下一步详细的分析实验。然而，实验室环境还不能够复刻所有微生物的生存环境，所以有相当多的菌种无法在实验室环境下生长繁殖。

存在难以分离的微生物的另一个原因是，一部分微生物"无法单独生存"。那意味着这些微生物可能和其他的微生物存在协同作用，两者或多者缺一不可，微生物中这种"团队合作"的形式更加大了实验室分析的难度。

我们可以以足球举个例子。阿根廷队的梅西是我们公认的世界级优秀选手，这有很多数据可以证明，但在这样需要团队合作的形式中，即使再优秀的选手也需要在团队中才可以发挥其真正的价值，要想单独对他们个人进行评价是很困难的。

不用说臭鱼干，我们餐桌上常见的米糠腌菜、韩国泡菜等食物都是多种微生物协同合作的产物，因此对这些"团队合作形式"的发酵过程进行科学分析是相当困难的。发酵学的研究，也正在从"分离单体微生物分析"向"微生物群协同作用分析"的方向发展。

设立高目标，向着巴塞罗那前进。团队合作的乐趣！

在限制中产生创新

这一章为大家介绍了三种特别的发酵食品。

大家可能已经发现了它们的共同点，那就是三者都是"在受制约的环境中寻求改变"而由此诞生的不同寻常的发酵食物。腌红芥菜的诞生是由于"远离海岸无法获得盐"；棋石茶的诞生是由于"山坳闭塞的环境中无法输出其他经济作物"；而臭鱼干的诞生是由于"当地盐税负担重，且捕鱼期有限"。

这种"寻求改变"的过程，与设计中寻找灵感以获得理想的表现形式的反复试错过程一模一样。在设计中，通常甲方提出的要求很多，但预算和时间却有限。在这样的背景下，还要考虑法律和业界的各种规则。所以，设计中的课题总在"没办法了，没办法了……唉，再试试"的循环中进行。

就是在这样的限制中，才能产生别人没有的"创新"。

怎么说呢，正是在各种限制下，才产生了"能用的都拿来试试"的手作精神。在面对"没有"的限制时，不是抱怨，而是将能收集到的材料进行重新整理和再观察，才能发现材料平时不被发现的特性，从而产生独特的灵感。

抛弃固有观念，才是设计的开始。

"不放盐的腌菜""像调味料一样的茶""闻起来臭吃起来香的鱼干"，以上哪个不是充满创意的作品？

这些发酵食品不仅创造了新的价值，而且将当地特有的食材和微生物的特性发挥到极致，充分发挥了独特的地域性优势。实在是相当优秀的设计作品！

这些年我在做发酵设计师的工作，经常可以收到地方政府或者企业的订单，希望通过我设计包装当地的发酵食品来振兴城镇经济。这种想法的产生其实就是受"地域性文化"的驱动——在一片独特的土地上产生独特的发酵食品，这些独具当地风土人情特色的食物就构成了地域性文化重要的一部分。要想设计好一张城市名片，不是追逐潮流东施效颦，而是要从当地的历史、风土人情出发，仔细寻找当地气候、土地中与众不同的部分。研究各地微生物的多样性就是其中一条很好的途径。

当然，研究微生物仅仅靠我们的眼睛是不够的，还需要借助显微镜在放大几百倍的基础上才有可能发现我们肉眼看不到的这片土地中的秘密。在列维－斯特劳斯的世界观中，所谓"创新"并不指依靠个人的才能产生的"新想法"，而是指拿出打破砂锅问到底的精神来观察、发现自然与人类社会的客观规律，并形成体系化结论。列维－斯特劳斯发现的，是人类各个民族中孕育出的一双双"善于发现的慧眼"，以及一双双"在自然和人类世界之间牵线搭桥的巧手"。

发酵的出现，是在构造分子级别的微生物世界和人类世界之间的关系。反过来说，挖掘发酵背后的故事，也是在了解那些生活在这片土地上的微生物与人类世界共处的方式。

注释

第三章的主题是"发酵文化的多样性"。

这一章通过对三种日本独特发酵食品的解说，深入了解到各地不同的气候和风土人情，以及这些发酵食品与人类创新性的关系。

有关腌红芥菜，我从东京农业大学的冈田早苗教授那里获得不少知识。教授在东京农业大学应用生物学部开展了一系列有关腌红芥菜中发酵原理的讲座，内容生动有趣，也分享了很多了不起的研究成果。希望老师可以早日将讲座的内容整理成一本面向普通读者的图书。

有关棋石茶，在日本至今还没有面向普通读者的易懂读物。但是有同为发酵茶——中国黑茶的专业书籍，叫作《微生物发酵茶：中国黑茶的全部》。通过阅读这本书，我大致了解了棋石茶的起源和特征。尤其是在发酵过程那部分，我参考了这本书的第五章《黑茶中的化学和微生物学》的很多内容。顺便一提，我很怀念在中国的"禅茶"体验！

至于臭鱼干，我已经在正文中提过了藤井建夫博士的《咸味·臭鱼干·鲣鱼片》一书。我从此书的第二章节中借鉴了发酵过程中微生物群的概念和臭鱼干的抗生作用的内容。另外，小泉武夫先生有趣的科普读物《闻着臭吃着香》

里，也提到了臭鱼干。这本书还提到很多其他看起来粗制滥造的发酵食品。有兴趣的一定要读一下。

有关"从身边事思考"和"在限制中产生创新"的想法，来自20世纪伟大的意大利设计师布鲁诺·穆纳里（Bruno Munari）。你可以从他的《物生物》（*Da cosa nasce cosa*）中得到解决问题的方法论启示，也可以通过他的《幻想》（*Fantasia*）中学习如何发挥想象力。布鲁诺·穆纳里除了是产品设计师，还是立体绘本作家，他是我作为设计师永远的偶像。

吕毅、郭雯飞、骆少君、坂田完三：《微生物发酵茶：中国黑茶的全部》（幸书房）

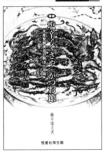

藤井建夫：《咸味·臭鱼干·鲣鱼片》（恒星社厚生阁）

布鲁诺·穆纳里:《幻想》(美铃书房)

· 解开日本茶起源的奥秘

日本茶の「発生」最澄に由来する近江茶の一流：飯田辰彦（鉱脈社）

· 日本各地的乡土食物

日本の食生活地域別全50巻（農文協）

· 腌臭鱼中的微生物群解析

PCR-DGGE 法によるくさや汁中の微生物相解析：高橋肇、木村凡、森真由美、藤井建夫（日本食品微生物学会雑誌19号掲載）

· 棋石茶制作的总述

発酵物語 高知に伝わる乳酸菌発酵（カルピス株式会社発行の小冊子キンズ 2010 年8月号掲載）

专栏 4

发酵菌和酵素的区别

在讨论发酵食品时经常会看到"发酵菌"和"酵素"的概念。发酵食品中是因为存在发酵菌，所以对身体有好处吗？还是因为存在酵素，所以有益于健康？这其中常见的概念，认真想想的话可能我们仍并不明白。

发酵菌就是约翰·列侬，酵素就是 *Imagine*

发酵菌和酵素的区别，可以类比约翰·列侬与其代表作 *Imagine* 来理解。

虽然约翰·列侬已经去世，但他的作品仍然口口相传。

如果放到味噌中解释，味噌在发酵过程中，进行发酵作用的曲霉菌在耗尽营养物质和空气之后渐渐走向死亡，但曲霉菌释放出的"酵素"可以一直存在。味噌中的香味和甜味就是酵素带来的。

简单来说，发酵中的"酵"，就是指酵素的"酵"。

发酵食品对我们人类有用的高保存性、各种保健功能和其特殊的风味，准确来说并不是直接来自"发酵菌"，而是发酵菌产生的"酵素"。

约翰·列侬在不歌唱的时候，只是"小野洋子眼中闪闪发光的爱人"，可是他的歌曲 *Imagine* 却深受全世界人民的热爱，可以说是传世经典，起到了促进世界和平的作用。世界和平！

约翰·列侬 = 发酵菌，*Imagine*= 酵素

酵素究竟是什么？

接下来对发酵作用的本体"酵素"进行说明。

酵素，简单来说是"促进化学反应的酶蛋白"。蛋白质是构成我们身体的一类必需有机物，而其中的酶蛋白作为一种特殊蛋白质，是"促进各种有机物合成的催化剂"。

用约翰·列侬的歌曲 Imagine 说明的话，它也不单单是一首曲子这么简单，而是给很多人带来感动、作为畅销 CD 又产生很高经济价值的作品。它与"酵素"一样，是给世界带来改变的"诱发剂"。

前文味噌的例子中，曲霉菌所产生的酵素主要有两种：一种是可以将米和大豆中的蛋白质分解成鲜味物质（氨基酸）的"蛋白酶"；另一种是可以将淀粉分解为糖分的"淀粉酶"。在这两种酵素的作用下，味噌和甜酒才产生了独特的风味。

另外，酵素发挥作用需要多种条件同时满足。首先，需要化学反应的对象物质。以味噌为例的话，需要蛋白质和淀粉。其次需要满足不同酵素的温度条件。产生鲜味物质的蛋白酶在 30℃左右比较活跃，而淀粉酶的反应温度在40℃左右。其他的酶蛋白也一样，在环境温度适宜的时候，才会触发其活性。

酵素并不是只有发酵菌才能产生的物质，我们人类体内也含有大量的酶蛋白[6]。婴儿长大成人的每一步，细胞的每一次分裂、增长，都离不开酶蛋白。每天吃进去的食物的消化、吸收，也离不开它的参与。同样的道理，如果身体中酶蛋白不足，就容易得各种生活习惯病或者免疫缺陷病。总之，酶蛋白参与了生命的各种代谢活动。

"可以直达肠道的活性益生菌"是有必要的吗？

我们在酸奶广告中经常看到"可以直达肠道的活性益生菌"这样的广告词，这种说法从何而来？

首先，我们平时吃的食物中，含有很多发酵菌或者杂菌。为了防止这些微生物侵入人体，胃中会分泌出强酸（胃酸）将大多数的微生物杀死。但是，酸奶中有一些乳酸菌可以抵抗胃中的强酸环境，通过消化系统到达肠道。这样，保持活性的乳酸菌就可以在肠道内对免疫系统产生积极的影响，定植在肠道内的细菌也会帮助消化吸收，利于保持肠道菌落平衡。这就是商家宣传"可以直达肠道的活性益生菌"的缘由。

6　有观点认为，酵素与酶是同一种物质，只是译名不同，其英文都为 Enzyme。作者持此种观点，但国内仍有争议。为避免歧义，本书中将微生物发酵产生的酶蛋白称为酵素，将人体和其他生物体内本就存在的酶蛋白称为酶。——编者

虽说如此，其实没有必要一定摄取可以直达肠道的活性益生菌。即使是失活的菌体，它产生的酵素也会到达肠道，同样对免疫系统和消化系统以及肠道菌落平衡有好处。比如说最近的一些保健品，就是利用失活的酵母菌体与其产生的活性成分（酵素）制成的。

正所谓，约翰·列侬已逝，*Imagine* 长存。

乳酸菌、双歧杆菌，让我们的肠胃更健康！耶！

第四章

人类与微生物的
赠予经济

——可持续交流环

本书中最难的部分
循环往复的交换游戏

本章概要

第四章的主题是"生态系统的
赠予循环"。

本章通过学习文化人类学中重
要的"交换礼仪"概念和微生物中的
"能量代谢"概念，理解生态循环有
哪些物质参与和有哪些能量转换。

本章主要讨论

▷ 什么是"库拉圈"
▷ 生物中的能量代谢
▷ 生态系统中的赠予经济

文化人类学中的"交换"与"赠予"

　　文化人类学中有一个经典的课题——有关"交换"与"赠予"。

　　文化人类学的先驱——马林诺夫斯基[1]，曾在位于新几内亚岛东部的特罗布里恩群岛进行田野调查，并针对被称作"库拉圈"的交换文化进行了研究。所谓"库拉圈"，是特罗布里恩群岛各岛屿、各民族之间形成的物物交换圈。各个群岛之间形成了用红色贝壳制作的项链按顺时针传递，用白色贝壳制作的手链按逆时针传递的礼物交换方式，是历时悠久且神秘的古老交易游戏。比如，"库拉圈"中的 A 参与者，可以将自己的项链或者手链传递给邻近岛屿上的 B 参与者，那么 B 作为交换，必须先返还 A 参与者手链或者项链。当然，B 参与者同样可以将自己手中的手链或者项链传递给邻近岛屿上的 C 参与者……就这样，"库拉圈"就形成了。

　　有关"库拉圈"，我们从以下三个话题开始讨论。

　　第一点，交换中的主体——手链和项链，没有任何实用价值。岛上的原住民，顶多在开派对时会戴上贝壳做的

　　1　英国的波兰裔文化人类学家，确立了文化人类学研究中"田野调查"的方法论。

手链和项链作为装饰，平时它们没有任何用途。

第二点，既然交换主体是没有价值的装饰品，那么被赠予人是否可以自己选择其他相似的物品或者服务来作为"回报"呢？

第三点，各岛屿上的原住民一旦加入"库拉圈"这个游戏，是不可以退出的。

基于以上话题，马林诺夫斯基从在我们现代人看来没有任何意义的交换游戏中，发现了与现代社会完全不同的"库拉圈"文化"是基于每次两个人之间的交换行为形成的完整交易圈，是在特定的时间、地点和规则下进行的非偶发性交换行为中形成的团体式共同关系"。[2]

特罗布里恩群岛
"库拉圈"
（顺时针）项链
（逆时针）手链

2　引自马林诺夫斯基著《西太平洋上的航海者》。

也就是说，"库拉圈"是建立在不同部落之间人类的交流装置。"库拉圈"文化的形成，到底给人类社会带来了怎样的影响？首先，在没有形成"库拉圈"之前，返还别人"同样没有价值的东西作为礼物"这件事是十分困难的（原始社会还没出现物品价格的概念）。被赠予者在返还礼物时会想着，"对方会不会觉得这礼物太寒酸啊，要被这么想的话可就糟糕了"，甚至有时会因为礼物送得不对而产生矛盾。因此，礼物的价值渐渐朝着"通货膨胀"的方向发展（被别人嫌弃了可就不好了，不如显得大方一些）。于是，"库拉圈"就在这时形成了。其底层需求是要"表现得慷慨"而不是"表面的公平"。收礼物的人总是抱着高期望值，因此为了规避收到礼物而带来的失望，"库拉圈"这样长期而稳定的关系圈就形成了（毕竟也没有办法退出这场游戏嘛）。

"库拉圈"中不存在算计，没有人会考虑自己送出去的东西什么时候才能收回成本。因为如果要那么想的话，至少也要等到循环一圈回来了。那个年代可没有人会琢磨几年后的事情。

要问"库拉圈"与"我给你一条鱼你还给我一块肉"的物物交换有什么区别，文化人类学家或许会借用哥白尼的日心说来进行解释。

如果要问"人类为什么需要交流和交换？"首先我认为这个问题没有什么意义。因为人之所以为人，正是因为人类具有交流能力。

　　要想回答第一个问题，首先需要解释近代欧洲哲学家提出的"自我中心主义"的概念。在"自我中心主义"的概念中，"我"被认为是有自由意志的主体。可是，所谓人与人之间的交流到底是"自由意志选择"的结果，还是因为人类社会客观存在的交流活动而产生的"自我"呢？文化人类学者认为，"人类社会的交流"是客观存在的，而且它并不作为道具被人类使用。也就是说，特罗布里恩群岛客观存在的"交流圈"作为主体，是使用"人类"这个媒介运作起来的。这个交流圈的原动力如果是"温柔"和"慷慨"的，便会创造一个和平且有秩序的社会；相反，如果由"妒忌"和"算计"驱动，一个充满纷争和混乱的社会便会产生。换句话说，世界社会的秩序，就取决于这一个个交流圈是由怎样的能量驱动的。

　　另类的文化人类学家，格雷戈里·贝特森[3]将以上的理论推向更加极致的解说。他基于动物和昆虫生态学，结合计算机科学从系统论的角度解释了"自然"与"人类"的关系。贝特森认为自然中的各种生物相互影响，形成一个巨大的交流圈——生态系统，而"人类——我"只是客观

　　3　英国人类学学者。他通过贯穿心理学、生物学、控制论学等多种学科建立起的思想体系，拓展了人类学的边界。

存在于这个巨大的交流圈中。

"我时常觉得在竭尽自己所学编织着一张大网，但其实我在编织的，不过是生物界这张大网中的一个小洞。"[4]

如果你和海豚在海里一起游泳，你和海豚就是在以非文字性的语言进行着交流；如果农民伯伯一边嘟囔着"估计明天会有大风啊"，一边为庄稼盖上草席，那么农民伯伯就是在和植物进行着交流。

人类就是在与身边的事物进行交流并获得回馈的过程中诞生了"自我"。所谓"自我"并不是与生俱来的，而是在与其他人、其他物交流时渐渐产生的。

处在青春期初恋的小高，如果被他的女朋友夸奖"你好温柔啊"，想象一下小高会做何反应呢？他一定是挠着头害羞地笑着说"没有没有"，心里却暗暗下决心"既然能让她这么开心，我今后一定做个更加温柔的人"。这就是人与人交流中"回馈"的作用——一个"温柔的人"，是周围温柔的人赐予的礼物。同样，生态圈中其他物种之间也存在着大量这样的"交流"和"回馈"行为。

"自我意识"诞生于"我"与周围环境"交流"和"回馈"的过程。地球上每分每秒都在发生着各种"交流"和"回馈"的行为。因为有"回馈"，所以产生持续的"交

4　引自格雷戈里·贝特森著《心灵与自然》。

流"，从而形成一个个宛如派对般热闹的交流网。人类所谓的"自我"，就是在这无法与外部世界隔绝的交流中诞生的。

当然，这其中所说的"交流—交换"，以马林诺夫斯基和贝特森的观点来看，绝不仅限于人类世界。

所谓"赠予性质的交换"也同样不限于人类世界。通过这些"赠予活动"，小高得到了"温柔的自己"、鸟儿得到了天空、鱼儿得到了海洋、动物得到了食物……正因为源源不断的"赠予活动"，才形成了现在的生态圈。

这就是文化人类学学者所主张的"自然与人类浑然一体，形成生命体间的赠予网"的理论。

微生物在生物圈中的角色

铺垫了这么多，我其实还是为了解释发酵。

为什么漫画《农大菌物语》中的微生物会向人类传达"世界和平之网"的人类学哲理呢？

因为微生物在地球生物圈中，可是"管理者"的角色呢。地球上每天诞生无数的生命，同时也会有数不胜数的生命逝去。想象一下，如果地球上没有一个管理员，那无论土地上还是海洋里，应该都堆满了尸体吧。

为什么我们的地球没有变成这样？就是因为微生物的存在。它们担任着地球上的管理员角色，将死去的动物尸

（从右至左，从上到下）

哇！

你的工作，和我们的工作

虽然在各自不同的系统中，它们看似完全不相关，

其实内部运转是完全一样的哦

（引自《农大菌物语》最终话第13卷）

体分解成小分子有机物，重新将它们归还于土地、大气和海洋。微生物将离开的生命重新整理，为新生命的诞生做好准备。难道不像是公司里的"人事部部长"吗？

　　地球上的微生物数量极其庞大。你捧起田地里的一抔土，1克中就有数以亿计的微生物；即使在城市里的干净街道，1平方米的地面上也有数千个微生物在活动；而我们的肚子里，有数十兆的微生物！"兆"这个单位，可是在日本国家预算里才能经常看到的哦！

微生物是地球生态圈中的管理员

微生物不仅数量多，生命活动也极其活跃。它们每天进行成千上百万的增殖，同时也有大量微生物完成生命过程而死去。在酿酒时的白色汤汁中，酵母一天就会进行千万倍、上亿倍的繁殖，达到繁殖限度之后，又会渐渐死去。所以，数量巨大的微生物，其实在2—3天之内就可以完成一次生命周期，得到一次大轮换。

这些活跃的微生物无处不在。它们存在于土壤里、水中、空气中，无论是在乡下还是城市，甚至在空调送风机里也生活着大量的微生物。无论你如何努力地想将这些微生物赶尽杀绝，它们都会顽强地再次出现在你的生活中。毕竟微生物可以生活在普通生物无法生存的极端环境中，比如火山口、冰河、地下数千米的岩层和数千米的高空。

它们是世界上最顽强的生物。微生物什么都可以吃，它们可以吃动物的粪便、死去动植物的尸骸、落下的植物果实或树叶……厨房或浴室下水口经常看到的黏糊糊的东西，就是微生物食用富含营养素的水分之后的残留。微生物不但食用有机物，一些特别的微生物也以金属等为食。比如一种叫铁细菌的微生物，就会腐蚀铁器使其生锈。

微生物的生命角色是将构成生命体的大分子物质分解成小分子物质，然后返还给土壤、水、大气，供新的生命重新利用。利用小分子有机物组成生命体，大分子物质再降解为小分子物质返还给自然，这就是地球上的生物圈循环。而开启这个循环的钥匙，握在微生物的手中。

这个地球上究竟可以承载多少动植物，同样也由微生物这个"人事部部长"决定。因此，这个地球的管理员存在于地球上的所有地方。没有微生物的地方，必然不会有其他生命存在。

下图是1980年微生物学家卡尔·乌斯[5]所作的生物进化系统树。我将它叫作"微生物中心生物进化系统树"。卡尔·乌斯通过基因序列[6]将现存的生物分为23支系统，而23

5　美国微生物学家。他数次提倡的生物学分类法对生物学发展有划时代的意义。他利用比 DNA 历史更加古老的 RNA 系统发生分类学，分析定义了古生物。

6　准确来说是 RNA 序列。有关 RNA 的解说，请参阅本书第七章内容。

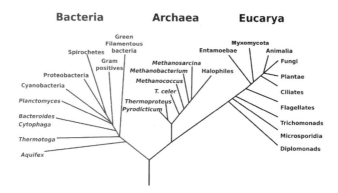

Phylogenetic Tree of Life

Bacteria　　**Archaea**　　**Eucarya**

支系统中，我们人眼可视的基本只有"动物界"（Animalia）和"植物界"（Plantae）两类。其余21支基本都是我们肉眼不可见的"微生物"。

　　基于1980年卡尔·乌斯所作的这个生物进化系统树，现代生物学分类法才得以发展而来。也就是说，卡尔·乌斯主张的"微生物中心论"，受到了世界生物学界的认可。

重新认识 "发酵"

　　以刚才讨论过的"我们的生活环境中，微生物无处不在"为前提，我们来重新认识一下"发酵"。

对人类有益的微生物的生命活动

首先从这个角度重新认识"发酵"的过程。

我们已经充分理解环境中存在着大量微生物，而这其中，有一部分微生物可以利用自己分解大分子物质的能力，产生一些对人体有用的物质。这些微生物被我们当作"好伙伴"，我们也愿意为它们打造舒适的生活环境。

这就诞生了"发酵技术"，之后发酵技术渐趋完整并开始融入我们的生活进而成为一种生活方式，再然后就诞生了"发酵文化"。

大致描绘了"发酵"过程的轮廓之后，我们再来看具体的例子。

首先以发酵食品中的"皇家贵族"——酸奶为例，来解释发酵的过程。或许有些读者看到这里会说："完了，看到好多化学式啊！看着好难！"大家不用紧张，其实原理很简单，让我给大家一一解释。

首先第一个化学式，是牛奶中的乳酸菌活动产生酸奶的基本过程。我们从化学式的左边开始解释。"葡萄糖"是牛奶中存在的糖分，打点滴时也经常听到这个名词。在乳酸菌眼里，这可是它们最喜欢的东西了。飘浮在空中路过的乳酸菌，一看到牛奶，那可是如同"下班之后看到新桥街上居酒屋红色灯笼的中年男子"一样，立马钻进去解馋。乳酸菌吸收了葡萄糖后，同腌红芥菜中发生的一样，产生有清爽口感的乳酸和2个ATP（腺嘌呤核苷三磷酸）。ATP是为乳酸菌提供能量的特殊蛋白质，我将会在稍后详细解说。简单来说，乳酸菌发酵的过程就是"吸收糖分，产生乳酸和能量"的过程。

乳酸菌为了快速生长和繁殖而吸收糖分，那产生的"乳酸"究竟是什么？其实乳酸对于乳酸菌来说，只是相当于"粪便"一样的副产物。

这和我们人类吃了好吃的食物，得到了能量的同时，也会每天去厕所排泄代谢废物的道理一样。吃得越多，排

乳酸発酵のプロセス

$$C_6H_{12}O_6 \rightarrow 2C_3H_6O_3 + 2ATP$$

グルコース　　　乳酸　　　エネルギー！

＞ヨーグルト

乳酸发酵的过程
$C_6H_{12}O_6 \rightarrow 2C_3H_6O_3 + 2ATP$
葡萄糖→乳酸 + 能量 ＞酸奶

泄得越多。乳酸菌如果肆无忌惮地大量食用葡萄糖，可能也会被自己产生的乳酸杀死（乳酸的过量产生使环境 pH 值降低，如果突破一定的限度，即使耐酸性强的乳酸菌也会中毒死亡）。就像在垃圾里孤独死的人一样。

但是，乳酸对于乳酸菌来说是垃圾，对于我们人类来说可是"美味的馈赠"呢。

"酸奶酸酸甜甜的，也不容易变质（酸性环境的防腐作用），我们可太喜欢了！"

总之，"人类喝酸奶"其实就是人类将微生物生命活动代谢产生的"垃圾"再次利用的故事。

对微生物来说是"垃圾"，对人类来说是"宝贝"

这里要敲黑板了！以上这句话请重点记忆，这是"发酵"的要义。

发酵的过程，就是人类和微生物这两个不同的生物体系，在地球生物圈中进行的互利互惠的交换活动。为此，人类会为乳酸菌提供美味的牛奶，乳酸菌如愿以偿钻进牛奶汁水中大口吮吸，之后就诞生了我们人类最喜爱的发酵食品之一——酸奶。

发酵是来自微生物的馈赠。

这里需要强调一点。微生物可没有觉得这一切是馈赠（毕竟我们利用的只是微生物的副产物）。对于微生物来说，

酵母発酵のプロセス

$$C_6H_{12}O_6 \rightarrow 2C_2H_5OH + 2CO_2 + 2ATP$$
グルコース　　エタノール　二酸化炭素　エネルギー!

> ビール

酵母发酵的过程
$C_6H_{12}O_6 \rightarrow 2C_2H_5OH + 2CO_2 + 2ATP$
葡萄糖→乙醇 + 二氧化碳 + 能量 > 啤酒

它只是在努力保全自己的生命，而这些"普通的生命活动"只是凑巧给人类带来了益处。所以，微生物并不会期待人类的回馈，在生命到达尽头时也不会含恨九泉不肯离去。它们顺应自然的召唤，静静地死去，死去的尸体和产生的酵素被其他生物再利用。

什么？又听不懂了？

那我们就再举个酵母发酵的例子吧。

以上的化学式，是酵母在面包或者酒中发酵的过程。我们先来看化学式最左边的反应物"葡萄糖"和最右边的生成物 ATP。这两者和乳酸菌发酵过程是一样的。也就是说，酵母发酵同乳酸菌发酵一样，都是"吸收糖分，产生能量"的过程。

不一样的只是产生的"垃圾"种类不同[7]。酵母在产生能量的过程中，代谢产物不是乳酸，而是酒精和二氧化碳气体。

大家想象一下啤酒或许会比较好理解这个过程。

啤酒表面噗噗噗地涌上泡沫，让人喝一口直觉清爽。这泡沫可不是人工添加的，而是酵母发酵产生的二氧化碳气体。啤酒喝多了人会醉，这就是酵母发酵中产生的"酒精"的作用。这里的"酒精"和学校里做科学实验所用的酒精灯里的酒精还不一样，酵母产生的酒精是人体更容易吸收的"乙醇"，而酒精灯里的酒精学名叫作"甲醇"（战后黑市上有贩卖过用甲醇做的烧酒，人过量饮用会导致失明，严重者死亡）。

我们酒后泡澡完，从喉间涌上的一个爽嗝，其实是在享受着酵母的屁（二氧化碳）和尿（酒精）呢。虽然这比喻有点恶心，但这么解释应该谁都可以理解"对人类有益的微生物的生命活动"的意义了吧？这就是发酵的过程。

7　酵母也一样，产生的垃圾（酒精）过多，也会中毒死去。

发酵，不消耗氧气和光的能量产生法

"微生物对人类有益的生命活动"，这是谁都可以理解的"广义发酵"。

除此之外，发酵还有生物专业的同学经常接触到的"狭义发酵"概念：不消耗氧气和光而产生能量的过程。

请不要觉这是些没有实用价值的花哨概念，请继续跟我读下去，你便会理解其中的奥秘。请千万不要在这里合上书！

首先，我们要从生物学的基本知识讲起。地球上大多数的生物要么通过"利用氧气的呼吸作用"，要么通过"利用太阳光进行的光合作用"获取能量，以维持基本生命活动。包括我们人类在内的动物，我们通过吸进氧气，然后和体内的有机物进行氧化反应产生能量。而植物则是利用太阳光作为能量源（当然植物中也存在呼吸作用）进行反应产生能量。

因此，生物圈中的基本生命循环以"光合作用"和"呼吸作用"为主要手段。

植物通过光合作用成长，动物食用植物，动物通过呼吸作用产生能量，植物重新利用二氧化碳等动物代谢产物。这是生物圈中的基本循环。

但其实，生态圈中还存在另外一个由微生物主导的循环。像酸奶中的乳酸菌，面包和啤酒中的酵母，还有其他形形色色的微生物，它们既不进行呼吸作用，也不进行光合作用，而是利用别的途径获取能量，这个过程在生物学中也称为"发酵"。

所以说，生物圈中除了"呼吸作用"和"光合作用"，还存在着第三种生命循环途径，那就是"发酵"。这个途径只存在于微生物中，因此"发酵"常常和"微生物"同时出现。

发酵的效率低，但很有用！

通过发酵产生能量的方式，究竟有什么特别之处呢？

首先，发酵产生能量的方式效率极低。微生物不同于动植物，它们不从外界获取氧气或光照，只靠自身体内代谢产生的酵素分解营养成分。因此即使它们可以和动植物吸收分解一样的营养成分，获取的能量却只有九牛一毛。

我们就以前文提到的"葡萄糖"的分解为例说明。"葡萄糖"这种小分子糖类，是无论动物、植物还是微生物都可以利用的重要营养源。所以无论是哪种生物，都在进行着分解葡萄糖获取能量的代谢活动。

动物在氧气（O_2）的参与下，经过多次氧化反应将葡萄糖（$C_6H_{12}O_6$）分解成水蒸气（H_2O）和二氧化碳（CO_2）。所以动物在进食之后，会出汗和打嗝。你可能会说这解释也太潦草了。其实动物在进食后，就是"将食物通过氧化还原反应分解成水和二氧化碳，同时获得能量"的过程。

植物以光合作用为起点，在光照的作用下将我们打嗝释放的二氧化碳吸收进体内，合成葡萄糖。之后的过程就同动物一样，通过呼吸作用吸收氧气分解葡萄糖获得能量，并同样产生水分和二氧化碳。与动物不同的是，因为植物会进行光合作用，所以会产生大量氧气。雨后森林里水雾缭绕，令人心旷神怡，那其实就是植物在"晒了日光浴之后释放了氧气和水分"的证明啊（植物的叶子通过蒸腾作用释放水分。下雨天的森林中气温降低，水气凝结成小水滴形成雾气）。植物可是光合作用和呼吸作用同时进行的高等生物呢！

有氧气参与的能量获得法效率就高很多。就如同20世纪初，充斥美国街头的吉普车中突然出现的燃油利用率高很多的丰田普锐斯[8]一般。

这种"只利用少量的营养物质就可以产生大量能量"的方法，在可以进行呼吸作用的生物中普遍传播开来，它们获得越来越多的能量，越来越多的生物也开始习得这种

8　丰田普锐斯 PRIUS Hybrid（PRIUS），是日本丰田汽车于1997年推出的世界上第一个大规模生产的混合动力车型。——译者

能量获得方法，最终地球上几乎所有的生物都开始利用氧气来进行呼吸作用，形成繁荣的生物世界。

那么微生物又如何呢？像牛奶中或者谷物上附着的微生物，它们就只能利用自身的消化酶来分解葡萄糖了。这样不利用氧气的代谢方式只能获得少量的能量，乳酸或者酒精等代谢物也只能作为垃圾被排泄出来。

与之不同的是，动植物可以将葡萄糖完全分解，因此氧化过程可以获得大量能量。它们利用高效的呼吸作用和光合作用，充分氧化葡萄糖生成二氧化碳、氧气和水，然后再次进入大气循环。

微生物因为没有氧气和光照作为高效的"催化剂"，所以在还没有完全分解葡萄糖的时候就因为没有足够能量而放弃了。于是只能将中间产物——乳酸和酒精排出体外。其实如果放到动植物中，这些中间产物还是可以被继续分解，继续获得能量的。可是对于微小的微生物而言，分解到此处已经是极限了。

被微生物排出的乳酸和酒精等中间产物，由于还没有被完全分解，所以会被其他生物再次作为营养物质吸收继续进行分解。

再次以酸奶为例说明。

制作酸奶的乳酸菌，将牛奶中的糖分（葡萄糖）分解为中间产物乳酸，便想着"行了，差不多就到这吧"，于是将

很好吃哦，你尝尝！
（圆框）乳酸
正因为没有效率，才给了我们人类实惠！

乳酸排出体外。谁承想，正是乳酸成就了一种美味的发酵食品。乳酸不仅可以防止食物腐败，酸酸甜甜的还很受小朋友们喜欢。

对于乳酸菌而言，这样的发酵过程绝不是高效且符合自身利益的过程，但对于与之共存的生物来说，由于微生物可以为其他生物提供易于消化的营养物质，所以它们的发酵过程也可以看作"慷慨大方"的高尚行为。

是的，发酵菌和本章开头所讲的"库拉圈"中的岛民一样，有着"赠人玫瑰，手有余香"的高尚品质。

跨越种族的能量源

既然提到"库拉圈"，就让我们再次以文化人类学的角度进入发酵世界。

"库拉圈"中，被称为"Vigua"的手链或者项链的贝壳装饰品一直存在。它没有任何实用的价值，是作为"交换品/可循环利用的物品"存在于"库拉圈"中的。也就是说，Vigua可以看作能让不同部落保持交流的重要能量源。

在"库拉圈"循环中，Vigua作为能量源跨越不同部落，使不同文化间的交流可以持续存在，同时也形成了"知恩图报"的友好氛围，有效避免部落间的纷争和战斗。可以说是有了"库拉圈"，才有了文化多样性和可持续发展。

让我们以这样的视角再次走进发酵的世界。

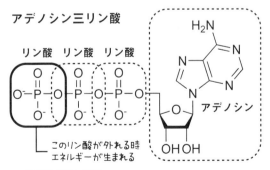

腺嘌呤核苷三磷酸

磷酸：最左边的这个磷酸在分离时产生能量

　　发酵循环中的"Vigua"，是微生物获得的能量"ATP"。ATP 从化学结构上来看，是三个磷酸和一个氧结合在以氮（N）为中心而构成的"腺苷"结构。所以，"腺嘌呤核苷三磷酸"也就是"腺苷 + 三个磷酸"的意思。

　　这个腺嘌呤核苷三磷酸，可是生物界中的"能量通货"。虽然从化学结构看，它只是由氮、氧、磷酸构成的一种化合物，但如果将它看作一个整体，它可是一切生命活动的能量源。这其中的奥秘来自腺苷上最左边的一个磷酸。这个磷酸因为在最外侧，所以容易脱落，当它嘣的一下脱落时，就会产生能量。ATP 之所以可以成为优秀的能量物质，就在于它可以掌握什么时候将最外侧的磷酸键打开而产生能量。

　　因为是在我们肉眼不可见的分子级别中发生的活动，所以理解起来可能有些困难。

　　我们可以拿钱举个例子。比如说纸币，虽然它是由植物纤维（纸）制成的，但它实际上同 ATP 一样，也是可以交换物品和服务的"能量通货"。同理，纸币之所以可以成为优秀的能量通货，也是因为它可以"随时进行交换活动"。也就是说它在作为能量可以交换物品及服务的同时，也有暂时不交换的储蓄功能。而且，如果这个纸币是美元或者欧元的话，还几乎可以在全世界范围内直接使用。

　　ATP 在生物体内起的作用和纸币很像。生物一旦获得能量，就会以 ATP 的形式先储存起来，等到要进行比较激烈的活动或者繁殖时使用。而且，无论是乳酸菌、杉树，还是人类，地球上所有的生物几乎都将 ATP 作为储能物质。所以，ATP 又叫"能量通货"。

　　在生物的细胞内部，每时每刻都在发生着这样的事情——ATP 最远端的磷酸"嘣"的一下脱落，释放能量。然后这个只带有两个磷酸键的 ATP 回到细胞膜附近，进入"待机"状态。只要有磷酸从细胞外窜进来，ATP 就会马上捕捉，再移动到需要它的地方释放能量。正是因为 ATP 的"能量储蓄"功能，细胞间、生物间才得以进行能量转换。

　　"所以说能量是在各种生物和细胞间传递的吗？"

　　是的。生物或细胞耗尽能量会死去，但能量不死。它以 ATP 的形式传递给其他生物，成为别的生物的能量源。

　　这场生命圈中的"能量传递"游戏，跨越不同的物种，从微生物到人类，从太阳到青草，从青草到牛羊……与此同时，也会产生葡萄糖、乳酸、酒精、氨基酸之类的中间产物，它们再次被其他生物分解、吸收能量，最终变成二氧化碳和水返还给大自然。这些在水中、土地里的基本生命物质会再次孕育新的生命。

　　比如说我死后，寄生在我身体里的微生物会发现，"啊，拓君死掉了，就这么放在这里也太碍事了。不如让我们一起把他清理掉吧"。于是，不论是我身体上附着的还是身体内部的微生物就会全部出动，迅速将我身体里的有机物分解以获得能量。我的尸体也渐渐变成一摊液体融化于大地之中。

"为什么人类需要交流，这个问题是没有什么意义的。正是因为交流的存在，我们才成为人。"如果将这个问题抛给生物学家，生物学家可能会用发酵的原理来回答。"不同生物间的能量交换"的原理和人类学家眼中的"不同文化圈的交流"是极其类似的。

所以，为什么生物需要能量，这个问题也是没有意义的。正是因为能量的交换，才有了生物。生命，就是与不同物质间的持续交流和交换活动。

这么理解的话，发酵其实就诞生在微生物将它们不再需要的代谢产物"赠予"我们的那一瞬间。

（对话框从左到右）磷酸，能量，ATP
（右）拿去用吧（左）谢谢
通过 ATP 实现能量的转移

副产物创造了社会秩序

这章的主题是"交换"，在此处，我想为大家重新梳理一下"交换"的概念。文化人类学家在美洲大陆以及亚洲群岛发现的"交换"，与我们常识中理解的"交换"概念是不同的。

通常，我们认为的"交换"是发生在"你我二人之间"。就像，作为农民的你送给我蔬菜，作为渔民的我会还给你鱼。从"物物交换"再往前发展，你会带着钱去商店购物，这就是稍微复杂一些的"货币交换"活动了。

这是我们常识中的"交换"。它有两点基本原则：一是"一对一"；二是"公平"。也就是一位授予方和一位被授予方要同在一个场所，接受的物品和返还的物品要尽可能等价。近代以来，我们就是在以公平为原则的"等价交换"基础上，才形成市场和现代经济的。在公平的原则下，进行交换的双方才能建立信任，而作为信用担保的金钱也才能发挥其价值，金钱在有其价值的条件下才能够交换物品以及各种服务。在市场经济中，同一商品需要保证无论在何处都有相同的价格，所以漫天要价或者擅自调低价格的行为会被市场制止。

然而，"库拉圈"中所谓的交换，遵循着不同的原则。

首先，交换的对象是"参与其中的所有人"；其次，"返还的物品必须比收到的物品贵重"。与现代生活中以"一对一"和"公平"为原则的"交换"不同，"库拉圈"中的"交换"是以"团体"和"慷慨"两个要素为前提的。也就是说，"库拉圈"中交换游戏的原动力，是多元化定义价值基础上的"不等价交换"。

著名文化人类学家马塞尔·莫斯[9]，曾将这种行为的底层逻辑称作"整体性福利"。这就好比圣诞节时大家互送礼物，你不知道会收到什么，但同时又有可能收到任何物品，无论价值多少，参与其中的每个人都满心欢喜期待着圣诞节最重要的"礼物交换"环节。

那这种"礼物交换"的好处又是什么呢？

如果直接引用莫斯老爷爷的解释可能有些难以理解，我尝试以自己的理解总结为：团体中进行不等价交换时会产生副产物，而这些副产物对稳定社会秩序有积极作用。这其中的副产物又如何理解呢？莫斯爷爷做了这样的定义：在这些团体中交换的绝不仅仅是财富。无论动产还是不动产（恒产），它在社会中的意义也绝不仅限于经济价值。这些团体中的交换活动，比起交换物品本身的价值，更加有意义的在于存在于交换活动中的礼仪、宴席、军务、女性、

9　法国文化人类学家。曾对世界各地不同文化中存在的礼物交换现象进行研究。他提出的相关理论，对后续的经济学发展起到了一定的启迪作用。

孩童、舞蹈、祭祀、集市等。[10]

也就是说，"礼仪、宴席、军务、女性、孩童、舞蹈、祭祀、集市……"这些副产物，才是交换活动的真正意义所在（而非那些贝壳装饰品）。这也是我前文所讲"因为持续的交流／交换，人所以为人"的理论基础。正因为在交换活动中可以持续产生的副产物，人类才得以创造"人类社会"。

收到邻居给的礼物，之后又给别的邻居其他的礼物。人类最初就是在这样的交换活动中，逐渐学会礼节、处理邻里关系和察言观色，以及如何组织集会、如何赋予物品价值和如何遵守社会秩序。世界和平！

微生物中的"整体性福利"

上文提到的"整体性福利"逻辑，和发酵过程中产生的副产物的流通逻辑是相似的。微生物在发酵过程中获得能量的同时，产生乳酸、酒精等副产物。这些副产物又传递给别的生物以提供能量，进而会产生更小级别的副产物再次传递给别的生物。

我们已经说明过微生物—人类的赠予过程，在接下来

---

10 引自马塞尔·莫斯著《礼物》。

的这部分，就让我们就更加复杂的赠予关系予以解说。

　　美国微生物学家、肠道细菌专家大卫·A.米尔斯博士曾经通过研究母乳喂养和婴儿免疫系统的关联性发现了微生物的重要作用。

　　米尔斯博士和他的团队发现，母乳对于婴儿来说不仅仅是营养来源，还可以帮助保护婴儿肠道健康的短双歧杆菌（双歧杆菌的一种）正常繁殖。短双歧杆菌可以保护婴儿脆弱的消化系统免受病原菌的感染，是保护婴儿肠胃健康的重要屏障。

　　也就是说，母乳中含有的大量低聚糖首先可以喂饱双歧杆菌，双歧杆菌的生长繁殖又可以保护婴儿的健康。母乳作为母亲—微生物—婴儿的能量传递物质，可以说是让孩子的肠胃通过发酵活动保持健康的最完美的保健品。

　　从米尔斯博士的研究开始，近年来有关肠道菌群的研究获得了很多突破性成果（如今流行的"肠胃活动"就是在此背景下发展而来的）。婴儿出生时，在通过母亲的产道来到这个世界的一瞬间，就携带了母亲的肠内细菌。也就是说，母亲肚子里稳定的微生物生态，在分娩过程中像接力棒一样传给自己的孩子，让孩子在出生后的几个月中，都有这些肠道菌群的保护。而从母亲那里获得的母乳，就成为这些为孩子的健康保驾护航的益生菌的最好养分。

　　即使停止母乳喂养后，"从母亲那里获得的益生菌"在小婴儿的肚子里会和"自己通过摄取食物而获得的微生物群"混合，形成新的稳定的微生物环境。这些微生物群会对小婴儿的消化系统和体质有很大的影响。

我们的身体健康离不开生活在我们身体里的微生物的帮助。它们会在肠道里帮助我们消化吃进去的各种食物，当致病菌侵入我们体内时，它们也会倾力相助，帮我们消灭病菌，帮我们构筑强健的免疫系统。近年来有些相关的报告，比如，有种叫罗伊氏乳杆菌的乳酸菌有防止小朋友晚上闹觉的功能；还有一种分解某种糖类的曲霉菌产生的物质有调节免疫系统失衡、减轻花粉症和其他过敏症状的功能。

所以说，我们的身体每天进行的生命活动并不只来源于我们自己的细胞，还有数以亿计的微生物同我们一起，大家各司其职组成一个"世界和平之网"，为我们的身体健康保驾护航。

在人类身体中形成的微生物共生网络中，充满了各种不可思议的生命活动。其中我觉得最不可思议的是——存在于我们肠道中的微生物菌群对免疫系统的保护作用。肠道中的微生物，是如何保护免疫系统免受破坏的呢？我们身体的免疫系统充当着"防止外部的物质侵入体内"的保护者角色。当我们感染致病菌或病毒时，身体会产生发烧的症状，那就是我们的免疫系统在对抗外敌的证据。然而在我们肠道内寄生的微生物群，明明是不同于人类细胞的生物，为什么没有受到人体免疫系统的攻击，反而还有协助免疫系统发挥功能的作用呢？其中的机制虽然还没有被完全搞明白，但可以肯定的是在人类悠久的进化历程中，免疫系统和微生物之间似乎签订了一项"互惠协议"，就好比这些微生物与东京六本木的某高级会所签订了 VIP 会员合同，在进入我们身体时，只需向门口的免疫系统保镖报上"肠内益生菌"的名字，就可以畅通无阻了。

在这项"互惠协议"的基础上，人类通过摄取的食物与体内的益生菌共享能量。作为回报，这些益生菌也为人类的健康鞠躬尽瘁死而后已。这种互利互惠的行为与母亲—婴儿的赠予活动一样，是由多种微生物共同参与的复杂交换活动。而且也同样遵循莫斯老爷爷所总结的，非一对一的"整体性福利"原则。其中的能量流动通过多种营养成分的副产物和各种有效成分实现。

所以，人体的肠胃可以看作微型的特罗布里恩群岛环境，其中每时每刻都在进行着不受我们意志控制的由微生物主导的"库拉圈"循环。这个循环如果无法维稳，我们的身体便会发出便秘、长痘等信号，再严重的话可能恶化成各种生活习惯病；如果微生物相处融洽，一团和气的话，我们的身体也会日日感到轻快，皮肤也会透亮。

"那么，如何才能让身体里的微生物保持良好的状态呢?"或许可以给自己的身体送一些"发酵食品"试试。

破坏性交流，散财宴

在最后这一部分，我再为大家介绍一种比较特殊的能量循环方式。

下图是醋酸的发酵过程。醋酸的发酵过程很特别，它是由不同的微生物参与进行的"发酵—呼吸"作用方式的接力式过程。

接下来就先给大家解释一下醋酸的发酵过程。

酢酸発酵のプロセス

$$C_2H_5OH + O_2 \rightarrow CH_3COOH + H_2O$$
エタノール　酸化　　　酢酸　　　水

> お酢

醋酸发酵过程
$C_2H_5OH + O_2 \rightarrow CH_3COOH + H_2O$
酒精 + 氧化→醋酸 + 水 > 醋

首先，化学式的最左边的"酒精"，是酵母的发酵产物，接下来所谓"氧化"，是指"酒精和氧气进行的氧化反应"。反应过后生成化学式右侧的强酸"醋酸"和"水"。醋酸要比乳酸更酸，它就是我们食用的醋中的主要成分。

"与其说这是发酵作用，看起来倒更像是呼吸作用啊。"

没错，如您所说，醋酸菌虽然和乳酸菌同属于细菌属，却是靠呼吸作用生存的。醋酸菌从酵母那里得到酒精，然后通过呼吸作用将其分解为醋酸。这些通过醋酸菌产生的醋酸可以用作腌渍泡菜，也可以帮助我们清理肠胃，是有利于健康的优秀成分。

但是醋酸菌的呼吸作用，比起我们动物的呼吸作用效率要低很多。同样是因为醋酸菌通过呼吸作用产生的醋酸其实还没有被完全分解（进一步分解后产生二氧化碳），也正是因为如此，醋酸才能被我们人类利用。

酵母—醋酸菌—人类，在这完全不同的三者之间进行着一场"不等价的交换"。虽说三者之间有共通的能量源ATP，副产物却各不相同。也正是因为每一步进行交换后的副产物不同，才让发酵中的"整体性福利"得以实现。莫斯老爷爷，您可赞成我的说法？

其实，这样的醋酸发酵过程，在我们人类的身体里边也可以发生。比如当我们喝了酒，我们的身体分解酒精的过程，其实和醋酸菌代谢酒精的过程是完全一样的。对于人类的身体，含有酒精的酒品饮料其实对神经系统和代谢功能都是有害的。但是也正因为对神经系统麻痹的感觉，让我们享受其中。也就是我们在第一章八岐大蛇那部分所讲的，酒，既有让我们快乐的一面，也有破坏性的一面。

也就是说，我们的大脑在被酒精麻痹而轻飘飘浮于云端时，我们的身体却在拼尽全力马不停蹄地辛苦代谢酒精。代谢酒精的过程，首先是身体在体内水分、氧气和酶的参与下，将酒精分解成乙醛，再之后分解成醋酸。醋酸进一步分解，到最后才能完全分解成二氧化碳和水排出体外。酒精在我们身体里的代谢过程，需要调动多种消化代谢途径才能完成，所以对身体来说负担是极其重的。

所谓"宿醉"，就是我们的身体无法在短时间内将有毒的酒精分解排出体外的结果。那时你一定是瘫在床上动弹不得，头痛欲裂绝望地嘟囔着："真的，再也不喝了！"身体里含有大量酒精而不能及时分解的人，就好像醋酸菌一样，满眼满脑满身都是酒精，只能满负荷运转……

接下来我们再从文化人类学的角度探讨这个问题。

饮酒的过程，还遵循"散财宴"中的赠予逻辑。

到现在我们一直在讲述赠予论中好的一面，但凡事都有两面性，赠予和交换的过程也不只带来爱与和平。正在读本书的读者朋友和我一样，我们每个人身上都会有不讲理或者有攻击性的时候。所以在进行交换活动的过程中，

好痛苦啊!
宿醉 = 醋酸发酵的过程
酒精→乙醛→醋酸

也必然存在"不合情理"和"破坏性"的要素。

　　文化人类学中，将这种带有破坏性的赠予行为称为"散财宴"。以莫斯老爷爷为首的文化人类学家们对此也进行了深入的研究。

　　散财宴，作为"过度交换"的代表，是发源于北美洲大陆原住民的一种赠礼仪式。在散财宴上，部落酋长为了向自己的子民展现自己的权威，会故意将自己很珍视的宝贝赠予他人，有时甚至会在祭祀用的火坛上将宝物烧毁。所有这一切都是为了证明"我是王! 我是最富有、最慷慨、最有权威的人!"这种极端的慷慨，就好比"交换赠予活动中的拳击场"，如果被赠予者无法以同等的魄力返还同等价值的物品，就会被看作"无能者"，遭人唾弃。

　　但同时，散财宴的存在可以让当权者定期将自己的财富销毁，算是在某种程度上可以避免当权者财富过于集中而引起大的部落纷争。

　　通过"破坏"和"散财"，部落中得以定期进行财富的再分配。没有人可以一直赢下去，所以散财宴也有效防止了寡头政权。散财宴虽然看起来毫不讲理，却是保证交换活动持续运转的润滑剂。

　　不是所有的人类活动都有理可循。

　　我们会有膨胀的欲望，从而引起偏激的行为。北美原住民们将这些需要发泄的情绪放入部落制度中，所以形成了有"不合情理性"和"破坏性"的祭祀活动。

　　现代"东京新桥下的上班族"的散财宴，是下班后的应酬酒宴。这种酒宴通常由上级请客，而且对下级也表现得极为慷慨大方。无论上级还是下级，借着酒劲儿好像得以将严苛的等级制度暂时抛至脑后，上级可以挥金如土，而下级也可以开上级的玩笑。可以说这也是现代社会中的财富再分配的"散财宴"。

　　"酒"，是这场日本上班族散财宴的触发器。酒精通过麻痹脑神经控制了人的理性，也解放了感情和冲动的天性。人们将在社会生活中感受、积蓄的压力一股脑释放出来的同时，身体也因为在酒精中毒的状态下无法进行正常的代谢活动。和酒宴上混乱的场面一样，我们的身体，也在经历着一场醉酒后东倒西歪、不知何去何从的混乱状态。

由人类自己培育的酵母菌，召唤了"破坏神——八岐大蛇"的力量悄悄地将人类自身毒害后，变成了不受社会规则约束的"捣乱分子"。但也正如第一章中所说的，小范围的破坏性行为是不可避免的。

就拿社会结构中的权利构造来说，如果没有定期的破坏—重置行为，社会中就会产生嫉妒，而嫉妒会带来纷争。所以说我们"罪恶深重"的人类啊，需要时不时地发发疯，把看似安定的秩序破坏掉再进行重置。也正是如此，我们将这些维护稳定不可或缺的"破坏性"，放入"散财宴"或者"祭祀"活动（在日本传统的祭奠活动中，有很多像岸和田地车祭[11]一样因为事故闹出伤亡事件的例子，这或许也遵循着散财宴的逻辑吧）。

和人类社会起源密切相关的"酒"，在祭祀活动中有举足轻重的地位。

为了"赠予环"或"交换环"的持续运作，局部的破坏性重置是必不可少的。所以，我们利用"过量的发酵产物"喝个酩酊大醉。同祭奠活动中暴力引起的伤亡事件一样，喝醉酒的我们，难道不是同那"死人"一样吗……

11　日文写作：岸和田だんじり祭。大阪府岸和田市举办的活动，也被称作"旧市祭"，是日本传统的节日。——译者

醉酒的我们，身体中的代谢活动和正常状态下是完全不同的。

首先，我们的身体在积聚大量酒精后会优先分解酒精而暂时放弃糖分的分解，导致我们的身体缺少能量物质ATP。我们醉酒后会头痛就是大脑缺少能量物质的表现。另外，分解酒精的过程会大量耗费我们身体里重要的生命活动介质——水分。所以，醉酒后的你不仅会感到头疼难忍，还会因为脱水而感到身体疲惫不已、动弹不得。这一切都是我们的身体"酒精中毒"的症状。

所以说，过量饮酒不仅可以使精神到达"超脱状态"，也可以使我们的肉体从正常的运转中脱离出来（真的犹如升天了的状态）。

也就是说，"祭奠"过后人类得以暂时"离开尘世"，变成另外的存在。

变成了怎样的存在呢？

我想是微生物吧。

叫作发酵的赠予经济

接下来进入这一章的小结。

我因为经常和乡镇企业或者地方政府合作，所以经常出席一些有关振兴地方经济和环境保护的活动。在这些活动中我被邀请讲一些有关发酵的知识，那之后又经常得到企划者或者参加者以下的评价：

"拓君有关发酵的演讲，对我们人类社会的发展也很有用处呢！"

从那时起，我就在思考，"发酵"和"人类社会"之间一定还有一些不为人所知的关联吧。

微生物，这些我们看不见的生物，是地球生物圈循环运作的基础。我们人类也是在此基础上才得以生存的。无论是我们的肠道消化吸收食物，还是排泄粪便的过程，都离不开微生物的参与，还有通过呼吸作用获取能量，分解代谢酒精的过程，也多半是借鉴了微生物的代谢过程。

我们和微生物的相似性不仅是生理上的，就连我们人类社会中和他人的沟通合作、交换赠送物品的过程，也都和微生物世界如出一辙。

不同生物之间通过协作或者对抗的关系，构建起不同的团体。在多种多样的团体中通过不同形式的赠予活动，又维持了团体中的平衡和秩序。而生态圈作为所有生命的整体，遵循的是超越一切猜忌和计算的"共存"理念。所以即使偶尔秩序被破坏，在"共存"理念的基础上生态圈都得以保持多样性和可持续发展。又让人不禁一个激灵——世界和平！ *Imagine*！

马林诺夫斯基和莫斯老爷爷所提出的文化人类学观点

中的"赠予文化"，在第二次世界大战中被过度强调自我个人主义和等价交换经济中的纷争取代，成为近代西方世界里非主流文化的象征。

没想到现在再一次讨论"赠予文化"，竟是在21世纪的日本。我们讨论的赠予，不是人类社会基于市场原理一对一的商品交换和人情交流，而是以"发酵"为起点，在多种生命参与的共同体中讨论乌托邦式的爱与赠予。

这一切都是完全违背资本主义市场原理的另一种经济形式。它基于莫斯老爷爷的"整体性福利"理论，是更接近于发酵世界原理的"赠予经济"[12]形式。这里所说的"赠予"，是超越个人利益，在整体利益最大化的基础上慷慨赠予的经济行为。

这并不是子虚乌有的存在，我们可以在志愿者、公益性组织以及我们身边的家人之间经常看到这种基于"整体性福利"原则的赠予行为。

在莫斯老爷爷的赠予理论的基础上，匈牙利经济学家卡尔·波兰尼[13]总结了以下经济理论：

12　不含有市场经济要素的经济运作形式（这并不是经济学中的定义，为了方便大家理解，我将其中的含义提炼成相对好理解的语言）。

13　匈牙利经济史学家、经济人类学家、经济社会学家。他以反对传统的经济学思想为人所知；他认为现代欧洲出现的以市场为基础的社会形态是历史的偶然而非必然。

如果将经济系统和市场分开来看，可以发现在现代以前，市场这个概念并不会独立于经济系统来讨论。经济系统原则上是融合于社会系统中的一部分。[14]

也就是说，根据卡尔·波兰尼的结论我们可以合理推论，在出现资本主义经济之前人类社会只存在赠予经济形式。那时无论我们交换什么物品，必然会带来影响社会组织结构的副产物。这些副产物可能是礼节、爱、虚荣或者宗教，它们彼此牵连织成错综复杂的网络结构保证了社会秩序的形成。卡尔·波兰尼所说的"经济系统原则上是融合于社会系统中的一部分"，也可以理解为人类社会通过经济行为构成了"秩序——与他人良好的社会关系"。

在严酷的现代市场经济中，通过"交换"，强者总是越来越强，弱者则越来越弱。若是想探索与现代市场经济完全不同的可能性，可能就要指望"赠予经济"了。所以我们有必要重新思考，如今因为弱肉强食而充满强大个体的社会，是否真的会令人感到幸福呢？

我们之所以凭着直觉试图寻找发酵可能会对我们人类社会产生的影响，就是因为我们首先发现了微生物世界中的"赠予经济"原理。反过来说，我们从微生物身上可以

14　引自卡尔·波兰尼著《经济的文明史》。

（圆环中间）发酵的赠予经济
能量环（顺时针）动物，营养物质，人类，祭祀，微生物，爱，植物
大家一起通过副产物实现持续性循环

学习到的，其实也是我们人类社会最初的模样。

　　如今我们身处现代社会竞争的旋涡而不自知，有可能只是酒精摄入过度后不受理性控制的宿醉状态呢。

注释

　　第四章的主题是"生态系统的赠予循环"。

　　本章将生物学的"生物圈中的能量代谢"和人类学的

"不同文化间的交换礼仪"这两个不同学科的知识相融合，是本书中最难理解的部分。大家辛苦了！

本章开头援引马林诺夫斯基的《西太平洋上的航海者》从特罗布里恩群岛的"库拉圈"说起。这本书是文化人类学黎明期的金字塔。它不仅探索了文化人类学初期的研究方法论，也解答了西方文化中很多无法解释的疑问，是带给众多文化人类学家感动和震撼的名作。

以马林诺夫斯基为代表的人类学家通过田野调查的方式，发掘出了人类交换活动中的诸多法则。而马塞尔·莫斯的《礼物》，其成就也足以名垂青史，成为文化人类学历史中首屈一指的名作。我这本《发酵文化人类学》，说是基于莫斯老爷爷思想的现代版解说也不为过。如果对本章的论述有兴趣的读者，一定要拜读一下《野性的思维》和《礼物》。之后您定会发现"小拓这家伙可真是复制重组了不少前人的想法呢"。

贝特森这位英国人类学家，从精神分析到控制论，再到生物学，融合多学科领域构建起属于自己的独特思想体系。他的《心灵生态学导论》和《心灵与自然》两本著作也为本书的创作提供了很多灵感。自然界中发生的事情决定了我们的精神世界。也就是说，"本我"产生于我们所处的生态圈给予我们的反馈机制。这样的逻辑与发酵世界的逻辑十分契合（但遗憾的是如今贝特森的《心灵生态学导论》一书已是绝版，我在古书市场以十分离谱的高价买回拜读。很多像这样古老的经典文化人类学著作都面临这个问题，难道就没有什么办法可以解决一下吗）。

本章有关生物学中的能量循环、呼吸作用以及发酵的代谢过程，我参考了《保护地球和人类健康的微生物学》一书。虽然这本书算是微生物学的专业书籍，但如果有一定的有机化学和生物学的基础知识，读起来应该不难。我花了两个月的时间啃下这本书，将其中的内容全部熟记于心。

本章中提到的"世界和平之网"来自台词"大家一起，一起织起的是世界和平之网啊"，出自以发酵文化为题材的漫画作品《农大菌物语》最终话第13卷。这部漫画作品不仅可以作为了解发酵世界的入门书籍，也是学院派青春故事中的金字塔，陪伴着一代又一代象牙塔中的少年成长。这是我最喜欢的一本漫画！

循着"好吃""美味""健康"等关键词作为兴趣走进发酵世界的读者朋友们，有没有感到渐渐地打开了探索生命奥秘的大门。如果本书可以作为您走进"微生物世界"的开始，那我已是荣幸之至了！

马林诺夫斯基：
《西太平洋上的航海
者》(讲谈社)

马塞尔·莫斯：
《礼物》(筑摩书房)

格雷戈里·贝
特森:《心灵与自然》
(新思索社)

坂本顺司:《保护地球和人类健康的微
生物学》(裳华房)

石川雅之:《农大菌物语》(讲谈社)

·从微生物的观点学习发酵

くらしと微生物：村尾沢夫、荒井基夫、藤井ミチ子（培風館）

·学习生物的历史和微生物的进化途径

微生物が地球をつくった生命40億年史の主人公[15]：ポール・G・フォーコウスキー（青土社）

·从经济学的视角看文化人类学

経済の文明史：カール・ポランニー[16]（筑摩書房）

·有关醉酒中的科学

アルコールと栄養：糸川嘉則、安本教伝、栗山欣弥責任編集（光正館）

·有关母乳和肠内菌群的研究（参考大卫·A.米尔斯[David A. Mills]的研究）

Millslavoratory http://mills.ucdavis.edu/david-mills

15　中译本为《生命的引擎：微生物如何创造宜居的地球》，保罗·G.法尔科夫斯基（Paul G. Falkowski）著。——编者

16　作者为匈牙利哲学家、政治经济学家卡尔·波兰尼，未找到对应中译本。——编者

专栏 5

那些不好意思问别人的有关酒的基本常识

　　将发酵食品上升至文化层面的最大功臣是"酒"。

　　世界各地有各种各样的酒，它们是展现当地文化多样性的重要存在。虽然是我们随处可见、唾手可得的发酵食品，但意外的是我们很多人都对酒的生产过程一知半解。

　　所以我就在这里为大家简单介绍一下"酒，到底是怎么来的"。

微生物通过摄取糖分，将其转换为酒精饮品

　　无论是世界各地哪里的酒，都有以下共通的定义：

酒的定义
就是我！
微生物通过摄取糖分，将其转换为酒精饮品

"微生物通过摄取糖分，将其转换为酒精饮品。"

本书中已经多次对这一现象做过解析，想必大家都可以理解了。

比如，如果是葡萄酒的话就是酵母摄取葡萄中的糖分而产生酒精饮料的过程；啤酒的话就是酵母摄取小麦中的麦芽糖而产生酒精饮料的过程。大多数的酿酒材料都来自果实或者谷物，但也有一些地区利用当地一些特别的含糖食材酿酒。比如中亚地区利用牛奶羊奶酿造乳酒、北欧地区利用蜂蜜酿造蜂蜜酒，以及北美利用一种名叫龙舌兰的植物的茎作为原料酿造龙舌兰酒……可以用来酿酒的材料多种多样，从中也可以感受到，人类是多么离不开酒啊。

另外，说到用于发酵的微生物，大多数的酒都是利用酵母菌发酵。但也有很少的一部分是利用一些特殊的细菌或乳酸菌发酵而来。

酿造酒和蒸馏酒

用酵母发酵葡萄果汁产生葡萄酒，而将葡萄酒蒸馏（通过高温蒸发技术抽出酒精）之后叫作白兰地。

用酵母发酵小麦产生啤酒，而将啤酒蒸馏之后叫作威士忌。

用酵母发酵稻米产生清酒，而将清酒蒸馏之后叫作

酿造酒→蒸馏→蒸馏酒
葡萄酒→白兰地
日本清酒→烧酒
啤酒→威士忌

烧酒。

　　葡萄酒、啤酒和日本清酒这一类就叫作"酿造酒"，而白兰地、威士忌以及日本烧酒叫作"蒸馏酒"。也就是说，蒸馏酒是酿造酒的再加工品。蒸馏酒因为利用蒸馏的技术将酿造酒中的水分蒸发除去，所以酒精度数更高，香味也更加浓郁。

　　酿造酒的酒精度数通常在 5%—15%，而蒸馏酒的酒精度数通常在 25%—60% 范围内。波兰的特产斯皮亚图斯酒，酒精度数竟然可达到 96%！我在大学的时候还曾经试着喝过，一口下去顺着食道感觉像是着了火一般，灼热难耐。所以如果想喝蒸馏酒，最好还是选择酒精度数 60% 以下的（比如中国的茅台酒或者冲绳的泡盛古酒）。

话说回来，直接饮用就足够美味的"酿造酒"，为什么要花费功夫再加工成"蒸馏酒"呢？

首先，因为高浓度酒精可以让酒储存时间更久。古早的酿酒技艺不是特别成熟时，酿造酒还是容易腐败变质的，所以人们才想出蒸馏这个办法提高酒的保存性能。

其次，从酿造酒的残渣中也可以生产出蒸馏酒。比如，从葡萄酒残渣中蒸馏而出的渣酿白兰地，还有从酒糟中蒸馏而来的去渣烧酒，这样"充分利用食材的酿造方法"还有很多。我们的祖先秉着绝不浪费的原则，试图将酿酒残渣再次利用，得到更香、保存性能更高的蒸馏酒。蒸馏技术也在这样的背景下应运而生。

最后，因为蒸馏酒更加香醇，味道更加凝练。在中国或是欧洲，越是高级酒，蒸馏酒越多。因为在蒸馏的过程中，水分蒸发使得原料中的香气和风味物质得到凝练，若是再陈酿多年，味道便更加香醇深厚。

我个人的体会啊，蒸馏酒是要用鼻子来"喝"的。经过十年陈酿的上等苏格兰威士忌，当你举起玻璃杯放到鼻子下，就会不禁闭起眼睛沉醉其中，在那香气中几分钟都缓不过神儿来。但如果是直接饮用，不论是便宜货还是百年陈酿的葡萄酒，个人认为入口之后是没有多大区别的。

用一切方法提高感官体验

起初，酒还不是随处可见的日常饮品，而是作为"奢侈品"在特别的时候供人享受的。"享受"是奢侈品的灵魂，也就是我们小标题所说的"感官体验"。所以，酒文化的诞生就是在一步一步走向极致"享受"的过程。

人类不满足于仅仅摄取食材中的糖分，所以通过将其发酵产生酒，之后为了提升香气，再加工成高浓度的蒸馏酒。这还仅仅是酒作为奢侈品的开始，人类还在不断尝试，在酿造酒和蒸馏酒的基础上如何进一步提高饮酒的感官体验。

比如说，用蒸馏酒金酒为底调配出的经典鸡尾酒——马丁尼。金酒的原料也不外乎小麦或者土豆，但其发酵蒸馏过后，会泡入欧洲特产的杜松子的果实，果实中特别的香气也就融入酒中。其过程和我们酿青梅酒一样，都是将果实和冰糖一起放入酒中稀释出果实中的香气。

在中国还有更加不可思议的酿酒方式，比如将蝎子、蛇、蜘蛛或者大黄蜂泡入酒中，据说是滋阴壮阳的珍品，我曾在中国的小酒馆尝过，那味道真是一言难尽……

除了浸泡，人类还有很多方法来提高饮酒的体验。

比如将酿造好的红酒移入玻璃瓶使其二次发酵，于是便诞生了有气泡的香槟酒。匈牙利人会故意让贵腐霉菌感染葡萄果实以提高糖分，用这样的葡萄酿造出有名的贵腐甜葡萄酒。日本人会将甜酒放入酒精中再次熟成，得到日本人餐桌上不可或缺的味淋。

靠着我们人类的智慧，我们一路追寻极致的感官体验，于是我们有了带哈密瓜香气的日本清酒，带香辛料独特味道的红酒，带烟熏香气的威士忌，还有带菠萝味果茶香气的茅台酒……人类永不停息的好奇心和寻根究底的探索精神，催生出了灿烂的酒文化。

第五章 | 酿造艺术论
——美与感性的世界

发酵是艺术！
发酵的艺术——
日本酒 & 葡萄酒

FERMENTAL ART
SAKE
&
WINE

本章概要

第五章的主题是"酒和人的感性"。

本章通过系统解说甲州葡萄酒和日本清酒的制法和历史，试图深入发掘对人类来说的"美"究竟为何物。本章将一边对酿造技术进行详细解说，一边将酒文化穿插其中，这是本书中最值得一读的部分。

本章主要讨论

▷ 甲州葡萄酒的历史和制法

▷ 现代日本清酒的谱系

▷ 所谓"艺术的感受力"是什么

美，存在普遍性吗？

讨论以上这个话题要先从我在法国巴黎学习美术的那段时间说起。

在法国巴黎，不仅有汇集古今中外杰出美术作品的卢浮宫，还有面向学生的卢浮宫观览年卡这样的惠民制度（大概一年才花费3000日元）。我当年作为一个对艺术充满热情的20岁出头的少年，几乎每天都泡在卢浮宫中，无论是单纯地欣赏还是临摹作品，总是不知不觉一天就过去了。最初我也是从文艺复兴时期的名画，例如达·芬奇的《蒙娜丽莎》，以及希腊雕塑中有名的《萨莫色雷斯的胜利女神》等作品开始欣赏，但渐渐地痴迷于来自古代黎巴嫩、古代埃及的收藏品。我虽然在巴黎学习的是以希腊为起源的西洋派美术史，但在欣赏了包括中东、非洲、中南美洲以及丝绸之路沿线诞生的美术作品之后，我感受到这些历史更加悠久的作品应该有自成一派的美的发展之路，是完全不从属于西洋派美术的。

美，存在普遍性吗？

我不停比较西洋美术作品和那些作者不详的来自世界各地的收藏品，心中产生了至今都没法解开的巨大疑问——

美，存在普遍性吗？

"小拓，你在说什么啊？达·芬奇在《维特鲁威人》中已经说了啊，生物界万物皆遵循黄金比例和斐波那契数列[1]。古今中外，无论哪里有名的美术作品不都遵循这个原则吗？"

真的是这样的吗？

我们就拿放置于卢浮宫的《萨莫色雷斯的胜利女神》雕塑来说，即使它在刚被创作出来的时候是接近于完美的状态，但我们眼前的这尊怎么看也不符合所谓黄金比例的原则，我们还不是将它当宝贝一样陈列于此，瞻仰它举世无双的"美"。在希腊文明之前的东方文明中，有不少这样并不符合达·芬奇黄金分割比例原则的作品（不如说是物件）。而我又是为什么会被这些，或许当年仅仅是一位老爷爷或老奶奶手中的一只陶罐这样的日常生活用品的设计打动呢？

现代美术中更是有很多打破了黄金比例原则的作品，

1　如1，1，2，3，5，8，13……每个数字都是其前面两个数字之和构成的数列。且相邻两个数字的比接近黄金比例（约5：8）。大自然中，比如植物的茎节数、花瓣数都遵循斐波那契数列的原则。

比如毕加索的《哭泣的女人》，约瑟夫·博伊斯[2]的装置艺术等。无论是毕加索那像小朋友涂鸦的作品，还是博伊斯打破传统雕塑的技法、利用现成物件通过空间组合而产生的装置艺术作品，乍一看都离黄金比例原则下的"美"十万八千里。但我们还是会被毕加索的作品击中，也会在走进博伊斯的装置艺术作品时受到不同世界观的震撼。

符合自然普遍原则的"美"当然是美的，但脱离普遍意义而追求新的价值的"美"似乎也是美的。

所以我想，如果"美"真的有普遍性原则的话，那或许是"多样性"吧。

不同的风土人情、宗教政治活动下，总会诞生一两个被认为是"天才"的人物，或者是一群信仰一致的人。他们在特定的环境、特定的时间点中以自己的经验为基础形成"固化的美"。这其中仅仅有很少的部分能经过历史的考验形成"经典"，而由每个时代沉淀下来的"经典"便构成了历史。

这些"经典"之所以成为经典，与其说是因为它本身就是杰作，不如说它是凑巧经历了战火纷争、时代的变迁、收藏家之间的争夺，幸运地存活了下来。

2　德国著名行为艺术家。他倡导"社会艺术"的概念，将艺术的概念拓宽至社会学范畴。作品风格与传统追究美的风格完全不同。

"小拓，你到底想说什么啊?"

别着急。"美"并没有离开过任何一个时代，也没有离开我们讨论的话题。"美"，扎根于历史这片土壤，随着时代的风，肆意生长。

从丝绸之路而来的葡萄

从东京坐中央线一路往西，过了高尾站之后再越过几个山峰，眼前就会突现一片开阔之地。这里就是我的家乡甲府盆地——山梨县。从火车上顺着盆地的斜面望下去，目之所及全都是葡萄田。胜沼葡萄乡站—山梨市站这片小小的土地上，有50家以上的葡萄酒庄园。可以说是日本首屈一指的"葡萄酒酿造区"了。

我的家就在这里，离家不远的地方全都是葡萄酒厂。真是幸福!

"刚才还讲着法国艺术世界的事情，怎么突然又跑到山梨县葡萄酒了?"我想一定有读者开始犯嘀咕了。别着急，我会慢慢道来其中的联系。

甲府盆地出产的葡萄酒被称作"甲州葡萄酒"，属于日本的地产酒。我认为通过对"甲州葡萄酒"的介绍，可以让大家在某种程度上理解"美是什么"这个深奥的问题。

既然如此，让我们在正式介绍葡萄酒之前，先从其原料——葡萄说起。

甲州葡萄酒所用的葡萄，已有1300多年的种植历史（和曲霉菌发酵的起源基本在同一时期）。据说，在奈良时代初期，胜沼的名寺——大善寺的高僧行基在冥想时，从药师如来那里得到了这种从未见过的葡萄。

传说毕竟是传说，按时间推算的话此处的葡萄应该是随佛教一起从中国（唐朝）传入日本的。在第三章的棋石茶部分我们已经介绍过，7至10世纪的中国是世界贸易中心。我们在学校里学到的"遣唐使"，就是那时唐朝面向世界进行商贸活动及文化交流的使者。

如果甲州的葡萄真是通过遣唐使带到日本的，那么最晚到8世纪初葡萄应该已经扎根于山梨县了。它经过丝绸之路，千里迢迢从波斯而来。虽然如今我们吃到的葡萄香甜可口，在当时的日本，葡萄可还仅仅作为药用。正如大善寺那手捧葡萄的药师如来佛像所展示的，葡萄是佛祖的慈悲和丰饶的大地的象征。

那么，既然我们得到了如此优秀的水果，为什么它没有像茶和曲霉菌那样立马传播开来呢？事实上，到江户时代葡萄也仅限于作为甲府一带的土特产售卖，并没有发展成主流的大众食品，更没有用于酿酒。

那究竟是为什么，葡萄在日本没有获得如同在欧洲一样的成功呢？

答案很简单，我们没有葡萄酒文化。

葡萄酒不算酒

在法国、意大利等红酒大国，无论是商务洽谈还是平常生活，葡萄酒都是餐桌上不可缺少的饮品。而且，在超市你只要花上一瓶矿泉水的价钱就能买到一瓶葡萄酒。在欧洲文化圈里，葡萄酒就是相当于饮用水一样的存在。这并不是因为"大家嗜酒如命"（当然欧洲人确实很爱饮酒），而是因为葡萄酒对当地人来说是"既可以解渴又可以疗愈心灵"的绝佳饮品。

对甲州葡萄酒的发展起到很大推动作用的山梨县传奇人物——麻井宇介[3]，在对比东西方葡萄酒之后得到了以下有趣的结论：

"葡萄酒的诞生是在人类追求醉酒状态之前。人们最初只是为了解渴而生产葡萄果汁，之后为了在没有葡萄收获的季节也可以喝上甜美的果汁，于是想方设法提高果汁的保存性能而发现了发酵葡萄酒的酿造技术。发酵不仅可以延长葡萄果汁的保存时间，人们还发现发酵后的产物与肉

3　日本葡萄酒的专家、顾问。他不仅对山梨县葡萄酒的发展做出了巨大的贡献，也对日本后期葡萄酒酿造家们产生了深远的影响。

一起食用风味尤其和谐。"[4]

　　读到这里你应该可以理解葡萄酒最初的模样了。

　　葡萄酒是不会腐败的美味葡萄果汁，是在干旱缺水的土地上生活的人们重要的水分来源，风味口感也与当地畜牧文化下应运而生的肉料理十分匹配。在基督教中，面包如果是长身体必不可少的营养来源，那么葡萄酒就是生命的血液。这两者，都是西洋发酵文化的核心发酵食品——用小麦发酵而来的面包作为主食，而用葡萄汁发酵而来的葡萄酒作为饮料。当地人为了有效提高珍贵食材的保存性和保健性，发展出来葡萄酒文化。这或许是命中注定的，西方人以肉料理为主，因此才有了用面包吸收肉汁血水，

葡萄酒 = 安全的水
（从上到下）发酵，
葡萄，水分，地面，地
下水

4　引自麻井宇介著《比较葡萄酒文化学》。

用葡萄酒中和肉的腥味的做法。同时，葡萄酒还有助于消化。因此葡萄酒对于西方世界来说，可不是作为奢侈品的酒类存在，而是饮食文化的主体啊。

对比日本来看，日本有着丰富的水源，也不以肉为主要食物，也就是说葡萄酒对日本来说并不是必需品，而当地的腌萝卜和米酒已是绝对的黄金组合了。若是用法国高级红葡萄酒——勃艮第葡萄酒来配日本的腌鱼子，那真是奇诡的味道呢。

因此，葡萄和葡萄酒在日本并没有发挥其价值。在历史上没有什么存在感，也没有什么表现的舞台。葡萄酒文化开始引起人们关注已经是明治"文明开化"后期的事了，山梨县也是在那时作为日本葡萄酒的发源地开始受到关注的。

什么是红酒的"风土性"？

日本明治维新后不久的1877年（明治十年），高野正诚和土屋龙宪两位青年从山梨县出发前往法国学习酿酒技术。那时日本的葡萄酒历史才刚刚开始。

日本人喜欢葡萄酒，因此葡萄酒和啤酒一样，都是最早进入日本的洋酒代表。两位青年的故乡山梨县甲府盆地，因为天时地利的天然优势，成为日本规模最大的葡萄酒产地渐渐受到世界的关注。

接下来正式进入葡萄酒的话题。

葡萄酒是由葡萄果实变来的一种"果实酒"。果实酒的酿造受地理位置影响，酿造地必须紧邻水果栽培地，这样才可以酿造出好喝的果实酒。

相对地，用麦子酿造的啤酒和用稻米酿造的清酒等"谷物酒"，因为原料有相对较高的保存性，对酿造工程并没有太高的地区限制。酿造工厂甚至可以在远离麦田和田地的都市中心。事实上很多小型啤酒厂就设立在城市中心。

葡萄酒可不能如此。世界上著名的法国波尔多、勃艮第，意大利皮埃蒙特，西班牙的里奥哈，在成为葡萄酒名产地的同时，也必定是优质葡萄的产地。这样看来，作为日本唯一的葡萄产地山梨县，可能早已注定成为葡萄酒酒庄聚集地呢。

为什么葡萄酒的酿造必须在葡萄庄园旁边呢？原因很简单，因为葡萄酒的质量几乎完全取决于葡萄的质量。一般来说，酒的质量取决于"原料"和"酿造技术"。拿日本清酒来说，通常原料和酿造技术两者的影响各占50%。如果是引进最新技术的酒窖，那么酿造技术的影响力还会更高一些。在酿造技术上，人类通过努力可以提高的部分还有很多。

然而一瓶好葡萄酒的产生，基本上80%取决于原料，而只有20%取决于酿造技术。越是专业的酿造家，越会觉得"好的葡萄酒取决于葡萄的质量"。由此看来，在葡萄酒的酿造过程中，人类可以介入的地方似乎很少，这时葡萄的质量就显得尤其重要了。

葡萄对于葡萄酒品质到底有多么重要呢？有人甚至会说"葡萄酒酿造等于农业"，意思是葡萄酒酿造的核心就是如何将葡萄培育好，每个有名的酿造家都是亲自培育葡萄的优秀果农。这和日本清酒不一样，日本有名的清酒酿造家可没听说过谁还要自己栽培稻米；葡萄酒酿造家不一样，我是没有见过哪个能酿出好葡萄酒的人不是每天花大量时间在葡萄种植园的。在酿酒之前，葡萄酒酿造家们会每日观察葡萄的状况以确定酿造开始的时间。因此，葡萄酒酿造家看起来与住在葡萄园的葡萄果农并无二致，他们通过细致地观察葡萄来试图提高葡萄酒的品质。

就这样，在一个个葡萄果园里，葡萄酒就理所当然地诞生了。因此，葡萄酒保留了从原料到酿造过程所有当地的"风土"。这就是为什么在评价葡萄酒时经常会用到的"风土性"一词。

葡萄酒的质量等于葡萄的质量，后者又等于土地的质量，这就是葡萄酒中所谓的"风土性"。

独特的甲州葡萄酒

我们接下来从以下两个方面为大家介绍甲州葡萄酒的独特之处，即风土性——与欧洲地形和气候一半相似，一半又有其独特性的甲州风土；葡萄——从丝绸之路而来的甲州葡萄。

接下来，我们就从以上的两个特点来逐一介绍甲州葡萄酒。

首先是"风土性"。我家乡所在的甲府盆地，有着与一般村落不同的神奇景观。我们这里到处都是坡道，而且处处可以看到裸露的岩石。村里的小道是用石头铺成的，走在乡间的小路上可以看到很多矮矮的果树。这里昼夜温差大，夏季炎热冬季寒冷；盆地中常常有山风穿过，导致气候干燥。站在盆地望向山丘，会看到很多酒庄和欧洲建筑风格的酒店错落有致地点缀在山间，宛如法国乡村的画面。

虽说如此，甲府盆地整体上的气候、地理还是更接近

甲州葡萄酒 = 用甲州葡萄酿造的白葡萄酒

还保留了一些野生品种才有的青紫色的日本国产葡萄品种

于日本。比如，潮湿的梅雨季、有大片雪花飘落的冬季、水量丰富的河川……日本相对来说湿气比较重，所以不管有多热也不会有能把地面烤裂开来那般毒辣的日照。这里不像西班牙中部，那里酷热难当，红色的土地上只生存着星星点点的橄榄树和葡萄树……是十分极端的生存环境。

以上"与欧洲地形和气候一半相似，一半又有其独特性的甲州风土"，造就了甲州葡萄独特的生存环境和果实风味（之后会详述）。

其次是"甲州葡萄"。甲州葡萄在大约1300年前从亚欧大陆传入日本。虽然后期也有很多从欧洲或美洲传入的葡萄品种，但要说到甲州葡萄酒，那还得是用甲州葡萄酿造的白葡萄酒。当地酿造家最引以为豪的，便是这独特的甲州葡萄了！

甲州葡萄这个品种，用一句话概括就是——一种易种植易培育的乡土品种。

法国和意大利葡萄酒所用的葡萄都是"经过葡萄种植匠人反复调试的葡萄酒专用品种"。比如我们从进口葡萄酒瓶身上可以看到写着"赤霞珠""霞多丽"之类的词语，其实是经过葡萄种植匠人反复培育而来的葡萄品种名[5]。

5　欧洲酿造葡萄酒所用的葡萄，多是经过反复的系统性选拔而进化出的优势品种。

甲州葡萄可没有像这样经过层层选拔，在品种培育上下过功夫。酿酒所用的葡萄，也不像水果摊那2000到3000日元一串的高级葡萄品种那样可以作为甜品直接食用。当欧洲人花数百年培育专门用于酿酒和甜品的优质葡萄品种时，甲州的葡萄却一直在乡村田野的角落，自由生长。

甲州葡萄，像是从古代世界留下来的时间胶囊，没有现代甜品店里的葡萄那般多汁香甜，也没有欧洲经过品种筛选的葡萄那样有凝练的风味。甲州葡萄那朴素的味道，像是在东京现代大都市看到的，刚从大山里走出来的小姑娘一样，甚至会让人难以置信现代社会竟然还有如此天然的气质。

但是，我们在漫画或者电视剧里也经常看到这样的剧情，"看起来穿着土气的乡下姑娘只身来到东京打拼，之后被敏锐的制作人看中成长为富有个性和独特魅力的出色演员"。甲州葡萄莫非就是被现代甲州葡萄酒酿酒家选中的"村里的姑娘"吗？！

日本葡萄酒的起源

故事渐渐变得有趣了起来。

接下来让我们跟随我家附近酒厂的酿造家——山梨市旭洋酒的酿造者铃木刚和铃木顺子夫妻一同去探索一下

"日本葡萄酒"的起源。

旭洋酒的历史，就是山梨葡萄酒历史的浓缩。

第二次世界大战之前，山梨县葡萄酒的酿造是同果农一起，协作完成的。2002年，公社性质的酿造所移交给在省外研修过葡萄酒酿造的铃木夫妻，那之后山梨的葡萄酒就由文明开化之后的古典时期，走向现代摩登时代。因此要想探索日本葡萄酒的历史和未来，从旭洋酒开始是再合适不过了。

曾经的旭洋酒厂是果农一起出资一起经营的"葡萄酒公社"。设立的主要目的是消化那些从果物市场淘汰下来的品相不好的葡萄。所以，从明治时期到二战前这段时间，山梨县的葡萄酒厂与其说是酒庄，不如说是由葡萄果农兼任的酿造作坊。

葡萄酒的发酵流程
收获葡萄
榨葡萄果汁
发酵
过滤，装瓶
熟成
（对话框）过程虽简单，但风味丰富

那时葡萄酒的酿造工艺十分随意，只是在葡萄经压榨后收获的果汁中加入足量的糖，放至发酵桶中自然发酵。那时，看到葡萄汁开始噗噗冒泡就认为酿造完成，然后装入瓶中保存。是不是特别朴素的酿造方法？这就是"农家酿的葡萄浊酒"，是平日里可以轻松愉悦享用的饮品。

为了让大家对这种随意的酿造工艺有更加直观的认识，我们也简单介绍一下现代的葡萄酒酿造技艺供大家对比。现代酒庄酿造葡萄酒的流程大致是：

一、在合适的时间点收获葡萄；

（酿制白葡萄酒）

二、用压力将葡萄中的果汁（白色）挤出；

三、取压榨后果汁中的澄清层；

四、发酵澄清的白色葡萄果汁；

五、过滤，去除果汁中的残渣；

六、在木桶中继续熟成适当的时间，并随时调整口感；

七、再次过滤去除沉淀物，装瓶发货或者继续熟成。

（酿制红葡萄酒）

二、直接发酵混合有果皮和葡萄籽的葡萄果汁；

三、用适当的压力压榨出果汁（红色）；

四、再次发酵压榨出的红色果汁；

（五、六、七的步骤与酿制白葡萄酒一样）

这样对比看来，以上的酿酒工艺流程是不是要比刚才讲的山梨县的葡萄酒酿酒作坊复杂多了（尤其是需要和果皮种子一起发酵的红酒，酿造工艺更加复杂）。

酿造的灵魂全在"适当"一词中。酿造家根据事前在脑中拟出的葡萄酒风味设计图纸，从葡萄收获时期，到压榨方法，再到发酵酵母的选定，以及发酵的温度和时长，每一步都要精细地调整控制。这些工艺中微小的变化，会直接影响葡萄酒最终的风味。当然，最重要的还是葡萄本身的品质，但如何将葡萄中潜在的风味尽可能地挖掘出来，就要考验酿造家的技术了。

法国、意大利这些葡萄酒大国，就是这样花费数百年来研究如此复杂精细的酿造技艺，栽培最优质的葡萄品种、用最精确的酿造技术、生产最高品质的葡萄酒的。

正是对这三个"最"极致的追求，欧洲的葡萄酒在国际市场的价值已远超单纯的酒类，而获得了可以与艺术品并肩的地位。日本泡沫经济时期，有钱人曾像购买凡·高、夏加尔的绘画一般争先恐后地购买波尔多、勃艮第产的高级红酒，在心理上同"买最高级的艺术品保值"是一样的。不过，这动辄上百万日元一瓶的红酒，享用的时候可得细细品味了！

在欧洲，当葡萄酒已经作为艺术品来供上层社会的人们享用时，日本——山梨县的葡萄酒还只是"小作坊酿的浊酒一杯"呢。那时日本对于酿造葡萄酒的认识，还仅停留在"发酵了就行"的古老阶段，因此在酿造过程中会加入大量的糖（葡萄本身糖分太低的话会影响酵母发酵）。所以那时日本的葡萄酒喝起来很甜，并没有像欧洲高级红酒那般有醇厚的风味。这就是昭和时期日本葡萄酒的模样。

来到山梨县，首先让我吃惊的是，原来葡萄酒可以喝起来并不那么高雅。这里的饮酒方式更接近"地产酒文化"。我当时常常在傍晚看到穿着大裤衩的邻居大爷，一边看晚间棒球比赛，一边在桌边喝着葡萄酒。酒瓶就是装普通日本清酒的那种酒瓶，配菜是普通的吞拿鱼刺身，或者是简单的腌菜。巷口的大爷能就这样拿着酒盅，咕噜咕噜喝半天。我最初看到这样的光景甚至感到有些生气。

"这些家伙都在干吗啊！"

"这样的东西能叫葡萄酒吗？"

"这帮土家伙也该好好了解一下葡萄酒的世界水准，做点像样的东西出来啊！"

日本战后经济复苏后，日本的有钱人开始像"欣赏艺术品一样"品鉴葡萄酒。也就是日本经济繁盛期之后的80年代，山梨县的先进酒厂逐渐舍弃古老的酿酒工艺，向世界级水准的葡萄酒酿造技艺看齐。

什么是世界级水准的地道葡萄酒？

话说回来，世界级水准的葡萄酒又应该是怎样的呢？

现如今，法国、意大利等地认为的"红酒的巅峰"是指选用波尔多、皮埃蒙特等葡萄名产地中品质更加上乘的葡萄经过更长时间酿造而成的"full body"珍藏红酒。这种红酒选用糖分极度浓缩的全熟葡萄作为原料，连同果皮一同发酵。发酵过程中，果实的酸味和涩味随时间逐渐转化、升华，从而带来葡萄原料中所没有的醇美香气。这就是上乘的高级红酒。

我也曾有幸多次品尝过这样的红酒。刚入口时只觉得口感如水，但当清凉的液体接触到舌尖，一瞬间苦涩味混着甜甜的果香以及辛辣的香料气味迸溅开来，而当液体流过喉间，嘴中已满是花开后的余韵，丰满的香气在口腔中回转……仅仅是这干枯的语言，就已经足够让我回忆起那复杂且极致的体验了。这味道已然渐渐远离葡萄本身，而被赋予了更高的价值。

说起葡萄的品种，是欧洲酿造家们经过几百年的品种改良一直沿用下来的葡萄酒专用品种。所以说葡萄酒的酿造无论是原料还是酿造工艺都保持了很高的规格。但是，如果没有一条经过各种锻炼和岁月磨炼的舌头，可能也品尝不出这其中复杂的味道。如果给平时只喝烧酒和鸡尾酒的小年轻品尝，可能只得到"好苦啊！好涩啊！我觉得不好喝！"之类的评价。

所谓"正统的葡萄酒文化"，当然离不开酒庄作为生产者对品质坚持不懈的追求，但如果没有消费者对这样复杂味道的品鉴，其也无法达到现如今的成就。

在日本担起"驯化"消费者重任的，就是前文提到过的，日本葡萄酒界的传奇人物——麻井宇介。这位酿葡萄酒的老爷爷，当年率领着山梨县一帮年轻人前往欧洲学习葡萄酒酿造。他们从亲自尝试栽培摩尔乐、霞多丽等当地葡萄品种开始，研究酿造技术。产品也从当年刚刚发酵就装瓶售卖的1000到2000日元一升瓶装[6]的便宜葡萄酒，变为一瓶至少5000日元的高级熟成葡萄酒。他们的目标消费者也从穿裤衩的大爷，变成了西装革履的绅士淑女。麻井老爷爷也率领着这帮年轻人，将农家小作坊，变成了世界一流的酿造家庄园。

从这时起，甲州葡萄酒迎来了第二个阶段——走向世界的日本葡萄酒。

我们再次从旭洋酒说起。

作为山梨县第二代传承人的铃木夫妇，从大学开始学

6　通常，用于装葡萄酒的酒瓶是750毫升。但甲州地区的葡萄酒因为最初是用装日本清酒那种规格的瓶子封装的，有"四合""十合"（一合为180毫升），所以这里说的一升实际是指1800毫升。

习酿造学，自然对正统葡萄酒文化的精髓了如指掌。但要说他们完全沿袭欧洲的葡萄酒文化，却并非如此。铃木夫妇的目标是用现代的酿造技术，复兴传统甲州葡萄酒。

在深知"温故而知新"之东方哲学的铃木夫妻的努力下，甲州葡萄酒从2000年开始在世界上崭露头角。但那时的甲州葡萄酒仍然不属于正统葡萄酒中的熟成葡萄酒，其口感仍然是清爽朴素的。

甲州葡萄酒，并没有一味地追求世界葡萄酒标准，而是通过结合当地的风土人情，酿造出了有当地特色的优质葡萄酒。

我个人认为，麻井宇介对日本葡萄酒的革新意义，并不在于制作世界规格的葡萄酒，而是在于利用世界最先进的酿造技术进行设计从而挖掘出甲州葡萄酒更大的潜力，为"日本葡萄酒"开拓出更广阔的未来。

而旭洋酒，对土法酿造技艺进行了革新，是甲州葡萄酒走向第三代的当之无愧的旗手。

甲州葡萄给酿造家的灵感

在这一部分，我们就一起走进旭洋酒的酿造酒厂看看。

首先介绍酿酒的原料——葡萄。作为旭洋酒厂主打系列的白葡萄酒，其原料甲州葡萄是从当地果农那里直接收来的；另外旭洋酒中的一些限定款或者红葡萄酒，是以摩尔乐、黑比诺等欧洲红葡萄酒酿造专用品种为原料，这些品种的葡萄则是酒厂自己栽培的。

旭洋酒厂之所以选用两种不同的葡萄原料，是因为铃木夫妇认为，用于酿酒的葡萄，必须由最懂葡萄的人来栽培。所以对于欧洲标准的红葡萄酒，需要当地最熟悉它们的铃木夫妇亲自栽培；对于甲州的白葡萄酒，铃木夫妇自然是没有当地果农熟悉的。

当然，也不仅仅这一个原因。铃木夫妇之所以选择自己来种植红葡萄酒专用的葡萄，也有一些技术层面的原因。比如，虽然酿造好的红葡萄酒要比白葡萄酒的甜味、酸味和涩味都更加强烈，但葡萄还在葡萄藤上的时候，即使让普通果农尝也很难判断什么是正确的采摘时机（也并不是那么美味）。也就是说，栽培红葡萄酒原料的人，必须拥有根据设想成品葡萄酒味道来调整栽培方式的能力。另外，这些用于酿造红葡萄酒的葡萄品种原产于欧洲干燥的气候环境中，所以在日本潮湿的气候环境中经常会面临病虫害的威胁和水量控制不及时导致的死亡。

相对地，甲州葡萄作为可食用葡萄，挂在葡萄藤上的时候就可以通过品尝直接判断其风味。另外，作为有1300多年栽培历史且更接近野生品种的甲州葡萄，不仅对病虫害有很高的抵抗力，也抗旱抗涝。再者，葡萄藤会在秋天变成如同红叶一般火红的颜色，所以甲州葡萄的广泛栽培也可以振兴当地旅游业，简直是又好吃又实用的葡萄品种！

但是，对于正统葡萄酒的酿造来说，甲州葡萄这不讲究的个性可不是什么优点。首先，要想达到葡萄酒标准酒精度数的12.5%，甲州葡萄的含糖量显然不足。其次，呈淡紫色的甲州葡萄涩味少，无法用于酿造"full body"的红葡萄酒，而且也无法长时间熟成（味道不能随着时间推移而变醇厚）。

总之，如果要酿造世界级水准的葡萄酒，甲州葡萄和经过长时间驯化的欧洲葡萄品种相比，差得还很多。

在这里我想请大家回忆一下，我们前文讲到的列维－斯特劳斯所讲的"手作精神"的原动力是什么？

是的，答案正是"差得多即有限制"。也就是说甲州葡萄作为酿造葡萄酒最完美的点就在于"有很多不完美之处"。正是因为这些天然限制，才能在最后的成酒中凸显酿造家下的功夫，甚至可以说没有下功夫酿造的甲州葡萄酒，根本都不被承认为葡萄酒。甲州葡萄酒，可以通过酿造家的手发生质的变化。

根据旭洋酒厂负责销售和宣传的铃木女士介绍，他们在进行甲州葡萄酒酿造时主要考虑以下三个课题：

一、收获葡萄的时机；

二、如何补充不足的糖分；

三、成酒的清澈度。

接下来我们一一为大家详细介绍。

首先是如何掌握收获葡萄的时机。甲州葡萄不同于欧洲葡萄品种，收获期长。比如，同样用于酿造白葡萄酒的霞多丽，9月初种植，半个月过后就一下子成熟了，所以必须在此期间快速收获。甲州葡萄就不一样了，光是收获期就有2个月之久。从9月初到10月下旬，不同的时间收获的葡萄，酿造出的葡萄酒味道自然也不一样。如果是9月初收获的葡萄，成酒的风味更加爽口，是带着酸味的清爽口感；要是10月底的葡萄，酿造出的葡萄酒则呈现出水果一般丰满而稳重的味道。

至于究竟应该什么时候收获，最终呈现什么口感，这完全取决于酿造家个人的偏好，并没有标准答案。

其次是如何补充糖分的问题。生长在意大利南部或者西班牙这些阳光热烈且干燥地区的葡萄糖分含量很高，这些葡萄可以供给酵母充分的养分而轻易酿成酒精度为12.5%的国际标准葡萄酒。

但甲州葡萄生长的环境相较于南欧来说温和潮湿很多，含糖量也没有欧洲葡萄品种高。所以要想达到国际标准的葡萄酒酒精浓度，需要在发酵前额外补充糖分（这一步叫作补糖）。过去果农常常因为加入过量的糖，最后酿成的葡萄酒喝起来很是甜腻。所以补充糖分的量需要在酵母达到充分发酵的前提下尽可能控制，计量的微妙差别都会直接影响葡萄酒的风味口感。

最后要讨论的是葡萄酒的清澈度。无论是日本还是欧洲，酿造葡萄酒的第一步都是压榨葡萄提取上层清澈的葡萄果汁，而包含果肉纤维和种子等的沉淀物则被当作废物处理。但甲州葡萄酒在酿造之前，会再一次将部分沉淀物添加到葡萄果汁中。原理上和补糖的作用一样——补充酵母发酵所需的糖分。至于沉淀物加多少，最后成酒又是怎样的清澈度，这完全由酿造家的经验决定。旭洋酒在酿造时，酿造家会在脑中一边想着"如果加入这么多，最后大概会呈现成这个样子……"一边将过滤出来的葡萄渣重新加入发酵桶中。

以上，就是甲州的酿造家所做的努力。他们为了将甲州葡萄酒推向世界，在保留甲州葡萄的水果特性的基础上，又补足其本身作为葡萄酒酿造原料的种种短板，使甲州葡萄酒不仅深受当地人喜爱，也得到了世界葡萄酒界的认可。

这里所谓的"补足其本身作为葡萄酒酿造原料的种种短板"的过程，其实正是每一个酿造家表现自己独特个性的珍贵演出。与葡萄酒专用的欧洲名贵葡萄相比，甲州葡萄就好像漫才组合中漏洞百出的那个"装傻"的角色。而酿造家扮演的是"刁难"一角，他们一同站在将甲州葡萄推向世界的舞台上，酿造家不停吐槽和刁难面前的甲州葡萄，抖着一个个包袱给观众带来欢乐……这你来我往之间，虽然不一定成就一场优秀的表演，却实实在在地酿造出了世界级水准的甲州葡萄酒。

甲州葡萄绝不是酿造葡萄酒的优质葡萄品种。但也正是因为它的不完美，才成就了酿造家的创造性。甲州葡萄酒，是人与自然共同协作，用手作精神创造的杰出艺术品。

从缺点中开出个性的花

"从利用当地葡萄的农家酿制葡萄酒，到世界级水准的纯正葡萄酒"，这个由甲州酿造家完成的挑战，同时催生出地产酒创新的一股新潮流。这么说来，甲州葡萄酒的变迁中究竟蕴含着怎样的创新呢？从这一部分开始，让我们从设计学的角度一起探究甲州葡萄酒中蕴含的创新。

在葡萄酒市场中，山梨县绝对算是后起之秀了。而且，日本山梨县还比不上同属于后来者的澳大利亚和新西兰有适合种植葡萄酒专用葡萄的得天独厚的气候优势。可以说日本山梨县甲州这个地方，对于酿造葡萄酒来说没有任何优势。以麻井宇介为代表的甲州第二代酿造家，为了突破地理和气候限制做出了巨大的努力。而如今，以旭洋酒厂为代表的甲州第三代酿造家面临的重大课题是"如何发挥甲州葡萄酒的独特性"。为此，铃木夫妻一直在坚持不懈地探索。

　　首先让我们来尝尝铃木夫妻用甲州葡萄酿造的甲州白葡萄酒吧。甲州白葡萄酒既没有长相思白葡萄酒强烈的酸味，也没有霞多丽般浓郁的水果香气。入口沉稳顺滑的同时，飘散着一些小时候吃过的葡萄的香气。至于果皮和种子带来的厚重感，只在余味中能品到几分。总的来说，甲州白葡萄酒的整体感觉都是舒适且清爽的，犹如夏天从山谷而来吹过甲府盆地的清风，完全不同于有厚重醇香、复杂口感的欧洲葡萄酒。

　　甲州白葡萄这顺滑且清爽的口感，就是甲州葡萄酒的独特之处。而这其中，酿造家们又做了怎样的创新呢？

　　甲州葡萄酒的酿造家们，创造了"与日本料理最相称"的一款葡萄酒。

　　第 1 世代：浑浊的葡萄酒→第 2 世代：世界标准的葡萄酒→第 3 世代：日本的葡萄酒

在山梨县，经常能看到街上的寿司店里食客们吃寿司配葡萄酒的场景。首先，并非海滨城市的甲州市有如此多的寿司店已经很令人惊讶了；其次，在这里吃寿司的食客不是配啤酒或在日本最受欢迎的清酒，而多是酌以甲州白葡萄酒，实在是令人不可思议。远离海洋的甲州，为了满足食客对海鲜的需求，用盐渍、醋渍或用酱汁腌制的方法烹制，使不住在海边的甲州人也能享受到寿司的美味。这样稍稍花费心思处理过的寿司，意外地和甲州葡萄酒相当搭。其中，作为甲州葡萄酒第三代的旭洋酒，更是与日本料理相当契合。让人不禁感叹"啊，原来葡萄酒也可以这样享用呢"。

日本料理中，不仅是寿司，烤鸡肉串和一些炖煮类料理和甲州白葡萄酒也很搭。葡萄酒柔顺的口感以及恰到好处的酸味，能将日本料理中擅长使用的甜味和鲜味发挥到极致。以我自己的经验，甲州葡萄酒和日本人平时会做的土豆炖肉、凉拌菠菜以及烤秋刀鱼等家庭料理也很是契合。完全就是为日本料理而生的葡萄酒呢！

甲州葡萄酒，作为从150年前就扎根于甲府盆地的地产酒，早已融入当地男女老幼的日常生活和每个家庭的餐桌。这样的地方酒文化，显然不可能与正统的法餐和意大利餐有高默契度。在我看来，甲州葡萄酒最主要的独特性，就在于它在这片土地上经历了从日料佐餐酒到日常食用酒的转变，并形成了与清淡柔和的当地料理融为一体的独特"餐中酒"文化。

新时代的甲州葡萄酒，就在酿造家们一直以来对正统葡萄酒的诚挚追求中形成。这一路走来的过程，充满了犹如"米其林三星级法餐厅的厨师以法餐的思路创造传统日本家庭料理土豆炖肉"的创新力和乐趣。当然，在追求厚重口感、复杂风味的"full body"葡萄酒领域，即使是新时代的甲州葡萄酒也是无法与正统的法国葡萄酒、意大利葡萄酒以及美洲大陆的葡萄酒相提并论的。但我们可以在充分认识自己身边的葡萄品种的基础上，创造独属于自己的标准。

这种对制造工艺脱胎换骨般的改造，其实也是日本饮食文化的特征。比如从中国传入的拉面，已经过改造成为日本料理中不可或缺的角色；从印度传入的咖喱，也经过对鲜味和甜味的改良成为深受日本人喜爱的"国民食物"；而从意大利传入的意大利面，日本人会将自己喜爱的鱼子酱和海苔铺放在煮好的面上，成为日本"膳食"[7]中重要的一分子。

甲州葡萄酒，也一定会像上述料理一样融合为日本料

---

7 "膳"是进食时用一张小矮桌，上面摆放着一人份的所有餐具和食物。这种分食的膳食于近代早期在日本和朝鲜半岛发展而来。——译者

理的一部分吧！说不定在不久的将来，甲州葡萄酒也会像日本拉面一样，引得海外食客纷至沓来，在甲府盆地的寿司店来品尝一番呢。甲州葡萄酒，正因为是葡萄酒发展历程中的"后来者"，才能拥有创造葡萄酒"新标准"的机会。这就是利用所谓的缺点，发挥创造力而产生的新可能性吧。

我去到旭洋酒厂的直销店和店员聊天，了解到顾客中既有爱好葡萄酒的中老年人，也有当地农家的老头和老太太，据说也不乏像我这样喜爱美食美酒的年轻人。无论是曾经作为地产酒，还是如今达到世界级水准的葡萄酒，甲州葡萄酒处在非主流的位置却一直受到很高的评价。充满人文情怀，同时有着自己独特的个性；它带着对这片土地的骄傲，同时深知与世界高水准葡萄酒的差距而时刻保持谦虚的姿态。

从缺点中可以开出个性的花。在看待事物的不足时，或许只要转换一个角度就可以得到新的灵感。所谓穷途末路出英雄，甲州葡萄酒通过150年的发展，作为"加拉帕戈斯化进化种"[8]而得到世界的瞩目。

甲州葡萄酒，将会是昙花一现吗？将会给世界葡萄酒带来新的价值观吗？还是将永远走在以历史和风土人情为

8　近年来，中国、印度等地的葡萄酒也开始受到世界的关注。这个词原指"离开本土就无法生存的物种"。

基础的地产文化发展模式上？又或是以创新为起点抓住新的发展机会？这一切的可能性，都把握在我们这一代手中。

重新书写普遍意义上的美

我们在本章开头已经讨论过"美，有普遍性吗"这一问题。我们说到，这不仅是一个艺术的问题，它在作为奢侈品的酒文化中同样值得探讨。

"美味是有统一标准的吗？有绝对的美酒存在吗？"

我走遍世界品尝美酒，听世界各地的酿造家们讲述他们口中的美学，越发不懂什么是美的标准了。就比如，该用什么样的统一标准来评价，用勃艮第红酒煨的牛肉和用甲州葡萄酒配的寿司哪个更加美味呢？

这确实难以抉择。说白了，"美"与"爱"颇为相似。所谓"真爱"，不过是我与我的妻子在那一瞬间，在我们心中荡起的一层涟漪。至于那层涟漪到底为何物，是真是幻，都不是其他人可以判断的，那是只属于我们之间的秘！密！……不好意思，一不小心变成了讲着偶像剧中肉麻台词的怪叔叔。我想说的是，酒中的美味，本质上同爱情一样都是"因人而异"的。就像你可能认为毕加索的画是充满美的艺术作品，他可能认为那看起来不过像小朋友的涂鸦……美否，还真是仁者见仁，智者见智。

　　"美"并不属于物理世界的范畴，它只是我们人类意识中偶尔荡起的"涟漪"，用现在流行的说法就是"虚拟现实世界"。如果这么解释的话，那么达·芬奇的画作中所呈现的美学"黄金比例"，也不过是美的一个标准而已。同理，法国或意大利出产的所谓正统葡萄酒，以及价值成千上万一瓶的拉菲红酒、罗曼尼·康帝，就本质来说也不过是我们认知中的一个"虚拟现实"而已。

　　真如此的话，人类世界中的"美"，是可以随时被重新书写的。我们现在认为的绝对权威，也完全有可能随着时代的变迁而被新的"标准"所替代。美，并不是已经客观存在的事物，而是一直在被设计和被重新定义的概念。

　　那么，接下来就让我们用日本酒这个道具，深入探究由这"涟漪"塑造的水之雕塑的秘密。

日本酒的发酵原理

　　大家对日本酒有什么印象？

　　"嗯……上了年纪的大叔喝的便宜的酒？"

　　"嗯……评论家们皱着眉头品鉴的高级清酒？"

　　"啊，最近好像在很多年轻女性中也很流行边聊天边喝日本酒呢！"

　　是的，没错，上述都是事实。日本酒，从没有像在21

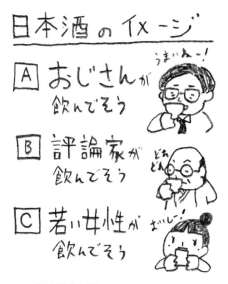

对日本酒的印象
A 上了年纪的大叔喝的酒
B 美食评论家会喝的酒
C 年轻女性会喝的酒

世纪这样带来如此多样的价值观。无论是上了年纪的老爷爷，还是口舌刁钻的美食评论家，或是时尚的女性，都深爱着日本酒。

　　虽然在日本几乎人人都喝日本酒，但大家喝的日本酒却不尽相同。由于饮食文化的变迁，日本酒也随着食客的喜好一直经历着变化。

首先我们从酿造工艺说起。

与葡萄酒单纯用酵母发酵的酿造法不同，日本酒的发酵过程相当复杂。但读者朋友们也不用害怕，只要记住几个关键的步骤，其实我们也可以照猫画虎，试着来做做看。在介绍具体步骤之前，请大家在头脑中先回忆起我们在前文专栏中解说过的基本发酵原理——"酵母吸收糖分后产生酒精"。

一、收获稻米，并去糠精制。

二、将米饭蒸熟之后放入曲霉菌，曲霉菌将米粒中的淀粉分解为糖分。

三、将曲霉菌发酵后的米饭浸入水中，形成酒母。

四、酒母中含有的酵母，会吸收糖分产生酒精。

五、一遍又一遍地将水和蒸熟的米加入酒母中，以增加酒的产量。

六、待一个发酵缸中的发酵活动完全停止之后，过滤出米粒（醪糟）。

七、加热过滤得到的液体，以杀死酵母，停止发酵活动。

八、最后，再次过滤得到透明清澈的液体（清酒）。装瓶，发货。

以上，就是最基本的日本酒酿造过程，是最早在江户时代中期的兵库县叫"滩"的地区形成的"清酒酿造法"。

日本酒的发酵过程

（对话框）有各种微生物参与

制曲

将曲和米浸入水中，形成酒母

（对话框）曲霉菌，酵母，乳酸菌

添加原料持续发酵

压榨，过滤，装瓶

其实，酿造过程中所谓"酒母"也就是我们所说的"浊酒"，是可以直接饮用的。此过程相当简单，只在水中放入蒸熟的米和曲霉菌，再利用其中野生的酵母就可以实现最初酒精的酿制。我们今天所说的"日本酒"，其实是指再经过多个步骤之后产生的"精炼过的浊酒"了。

有关日本酒的酿造过程，有两个主要特点。

一是，日本酒的酿造是由多种微生物通过接力合作完成的发酵过程。它们从"曲霉菌糖化"到"酵母吸收糖分产生酒精"都相互配合，完全像是施展魔法一样完成了一场将"米"变成酒的精彩表演。这其中登场的微生物，是只有东亚人民才了解的"霉菌"微生物群。

二是，可少量多次加入原料（曲霉菌发酵后的米饭），只要有酒母就可以一直持续发酵。一次性发酵大量的米也不是不行，但有可能由于酵母没有完全分解原料而产生一些杂味。这就如同吃法餐，厨师总要一道道上，让你有足够的时间慢慢品尝。酒母发酵也一样，为了能让酵母心情愉悦，发酵完一轮再接一轮，酿造家们就只能耐着性子花些功夫了。

"曲霉菌的糖化"和"酵母产生酒精"这样多次发酵的过程，由于原料分阶段加入导致两次发酵过程同时进行，所以在业界这种发酵工艺也被称作"双边发酵"。这个术语经常在人们讨论日本酒的独特性时被提到。但如果你在联谊会上和人家说"这个日本酒可是用了双边发酵的技术"，人家百分之百会给你白眼，所以可千万当心别在不适宜的场合卖弄这点小学问。

　　综上所述，日本酒的酿造工艺的确要比几乎完全取决于葡萄品质的葡萄酒酿造工艺更加复杂。不用说作为原料的稻米和水的品质会影响到发酵过程，曲霉菌的活性、如何控制不同菌的发酵，以及在什么时间往酒母中添加多少原料、加热的温度和过滤的方法等，太多的因素会影响最终日本酒的品质。

　　因此，酿造家的技术才显得如此重要。即使是使用同样的原料，由于酿造家不同的技法和感觉，也会产生完全不一样的日本酒。所以才有了既可以符合老派作风的老爷爷的日本酒，也可以符合现代都市女性审美的千姿百态的日本酒种类。日本酒之所以可以有如此多样的形态，也正是因为它这独有的"复杂且可变的酿造过程"吧。

从仿制酒出发

　　了解日本酒的酿造原理后，接下来让我们一起走进日本酒的设计变迁史。

　　其实，上述在江户时代确立的标准化"清酒酿造法"曾在第二次世界大战时期面临危机。在战争后期，稻米已经成了极其珍贵的物品，在这种粮食都没得吃的时候，怎么可能用如此"奢侈"的酿造工艺来酿酒呢？于是，大家开始尝试利用工业精制糖和酒精——用少量原料批量生产日本酒的方式。在原料如此紧缺的时候，"用化学精制的酒精高效代替发酵菌的发酵过程"也是当时酿酒产业没有办法的选择。不过，这种方法的确高效很多，据说用等量的原料，产量可以达到之前的三倍，因此还被赋予了"三增酒"的名字。"三增酒"成为粮食不足背景下战后日本的主流酿酒方法，战后日本酒的历史，也是从这"清酒的仿制品"开始的。

之所以称其为"清酒的仿制品"，是因为"三增酒"只在少量酒母（米和水的混合物）中加入代替粮食的精制糖和酒精，以缩短之后的发酵过程。这样酿造出来的日本酒，不仅口感黏腻，喝进嘴里时还会感到有些呛鼻。喝完也会感到嘴里黏黏的，像是小时候喝完糖水的感觉。现如今，虽然由于日本酒类规则的限制，像这样加入三倍量精制糖和酒精的制法已经被明令禁止了，但我们还常在超市看到1000日元一大桶（1800毫升）的便宜日本酒，那其实可以看作三增酒的延续。

这么一听这样的"仿制酒"一定不好喝。但有时在特定的心情和场合下，也能品出其独特的风味呢。比如在东京棚屋下挂着红灯笼的居酒屋中（抱歉一直沿用这个场景），喝着这味道强烈的仿制酒，配着烟熏火燎的烤柳叶鱼、油乎乎的炸油豆腐，那也是别有一番风味呢！这一瞬间，在这样的日本酒的刺激下，我好像能感受到人生不一样的体会——我甚至开始觉得"浑浑噩噩"于世的自己也变得有了生命力……

再倒回刚才问大家的问题——对日本酒的印象，第一个回答就是"上了年纪的大叔喝的便宜酒"。这确实是最典型的日本酒。它治愈了为战后经济复苏努力工作了大半辈子的父辈，即使在今天，其产量仍然占到所有日本酒的一半以上。人类的味觉系统是相当保守的，一旦小时候习惯了一种味道，变成老头老太太之后仍然会对这种味道念念不忘。这或许不是一种"高级的味道"，但对于上了年纪的老爷爷来说，曾经熟悉的味道才是能治愈心灵的美味！

顺便一提，这种老爷爷爱喝的酒虽然冷着喝很呛鼻，但如果温了之后，其中的甜味会让口感顺滑厚重不少。我因为工作的关系经常喝到高级清酒，但有时也会想念这种"老爷爷酒"。我会时不时悄悄钻进街边的居酒屋，来一盅热热的"老爷爷酒"，感到整个身体都放松下来了。

"淡丽辛口"美学的诞生

随着战后日本经济的腾飞，日本的有钱人越来越多。

"老爷爷酒"也在此时，迎来了众多竞争对手。比如，法国和意大利的进口红葡萄酒和白兰地，苏格兰进口威士忌和德国、比利时的啤酒；国产洋酒也对生产技术进行了深入研究和革新，推出了众多独具一格的国产洋酒系列。"老爷爷酒"在这琳琅满目的酒品市场中，既没有高贵的出身，也毫无内涵可言，无论是技术上还是美学上，一下就在颇为考究的洋酒市场中失去了光彩。在这场激烈的竞争中，"老爷爷酒"一败涂地，从此退出"奢侈品"的舞台。

日本酒被洋酒冲击得毫无立足之地，在70年代后期才终于迎来了转机。这次的绝处逢生并不是发生在兵库县的滩和京都伏见这样的"日本酒古都"，而是发生在名不见经传的地方——老铺酒窖。在那里，人们不再添加精制糖和酒精，而是效仿古法一步步从原料出发，打造"回归原点"的酿造理念。

在这次地产酒热潮中，冲在最前的要数新潟县。如今我们经常在居酒屋看到的"八海山""久保田""越乃寒梅"等，大多都是出自那时新潟的日本酒的革新家之手。那时的日本酒，和甲州葡萄酒一样是以"高级""考究""非日常"的理念设计的。在口感上，也完全抛弃了黏腻感，它清冽、干冷，如同峭壁上淡雅而美丽的玫瑰。这就是所谓的"淡丽辛口"。当然，要达到这种极致的口感，只"回归原点"是不够的。当地的酿造家还做了很多努力。

　　首先就是"尽可能去掉米中的杂质"。意思是要尽可能把米粒表面的蛋白质成分去除，只留下酵母菌最喜欢的内部淀粉的部分。这样，可以消除蛋白质发酵后带来的一些杂味，呈现纯粹干净的味道。我们如今所说的"大吟酿酒"，就是指用去掉50%以上杂质的米粒为原料酿制的一类高级日本酒。

　　其次是要讨论如何"减少乳酸菌在发酵过程中的影响"。至于乳酸菌在传统酿酒法中的作用，我会在之后详细解说。在这一部分大家就先了解一下以下内容就好。在酒母发酵的过程中，野生的乳酸菌其实会参与到酿造的过程中，简单来说，在发酵的初期阶段，乳酸菌发酵产生的酸会降低酒母的pH值，在某种程度上可以防止杂菌的侵入（详细内容见专栏2）。也就是说，乳酸菌通过创造酸性的环境可以保证酵母菌专心发酵、制造酒精，是酵母发酵过程中的守护者。

　　但是，因为乳酸菌发酵产生有酸味的乳酸，一旦没有控制好乳酸菌的生命活动，酿成的酒里也会残留着杂味无法去除。既然是这样的话，"将乳酸菌制成的乳酸精确地定量加入酒母不就好了？"——酿酒家们确实想出了对策。这就是当代高级吟酿酒的制法之一——加入乳酸以保证酒母快速安全地发酵，这种方法也叫作"速酿法"。

　　最后是"赋予发酵菌严酷的生长环境"。前面提到的将米削去大半，不仅是为了提高原料中的含糖量，这么做还剥夺了一大半曲霉菌的营养物质，再加上曲霉菌发酵过程会不断被搅动以保持米粒干燥，导致曲霉菌不能像在潮湿和营养丰富的环境中那样长出茂盛的孢子群，而反向将菌丝深深扎进米粒里。使曲霉菌受尽磨难努力生长的结果是大量糖分的积蓄。人类真是为了达到自己的目的而"不择手段"呢。同样地，在第二步发酵时也仅赋予酵母以较低的生长温度。发酵酒精的酵母的适宜生长温度通常在20℃以上，但酿造家们为了酿造出口感更加纯正的日本酒，会将酵母的发酵温度降低到10℃以下。

这样的育菌过程，犹如少年漫画中"小时候历经磨难而成长为超级英雄"的经典桥段——人类赋予发酵菌严酷的生长环境，从而成就一瓶瓶高级的日本酒。

这就是新泻县酿造家们竭尽所能酿造的纯净而淡雅的"淡丽辛口"。它入口犹如冰山雪水，随着温度的回升，原本清冽的液体滑到舌头中央便散发出浓郁的哈密瓜的清香，接着这琼浆玉液滑过喉结，舌尖上的味道散去，口腔中回荡着华丽的花香，令人久久回味……这确实是上乘酒才有的高级体验了。如果将老爷爷们喝的酒看作普通轿车，喝"淡丽辛口"的体验就如同驾驶保时捷顶配的奢华享受了。"淡丽辛口"，代表了日本传统的酿酒技术、令人崇敬的匠人精神和有关米与水成就的一段艺术传说……总之，日本酒可以看作日本发酵技术的结晶。

这里又要敲黑板了！开头询问大家对日本酒的印象中，排第二位的是"评论家们皱着眉头品鉴的高级清酒"。这里指的就是"淡丽辛口"的吟酿酒系列。品鉴家们说起其中的酿造技术以及口感上的区分，总会滔滔不绝，于是才会经常在高级酒馆看到酒品家摆一系列的吟酿酒进行对比品鉴。

以下是我一个门外汉的体会。这样美味的日本酒，一定要配合高级旅馆的新鲜刺身或美味的地产蔬菜，简直好吃到快要升天！"大众酒场的便宜酒"和这样的日本酒完全没有可比性。这真是伟大的创造！完胜！我甚至想对着波涛汹涌的日本海大叫——

"这样的美酒，我好想每天饮用啊！"

但是，可以如此每天在高级餐馆享用美酒的人，应该不是大企业的老板就是高级官员吧。总之那是只属于社会上那一小撮的精英人士的生活，我们这等平日只吃一些拉面、汤豆腐之类普通食物的普通人，也只有用这样不切实际的幻想，来短暂逃离一下一地鸡毛的生活。可是，我心里一直有这样一个疑问，这样以高级和极简为代名词的高级生活方式，或许只是我们对无法得到的生活方式的盲目崇拜？如果让父辈一代品尝这里的"淡丽辛口"吟酿酒，他们只会说"啊……时代变了"，或许在他们眼里，这并不是他们眼中的高级吧。

他们的感受，或许和千禧世代看到过去电视上穿着宽大松垮西服的年轻女明星或挎着二手名牌手提包的男演员时一样违和吧！

日常中时尚的日本酒

日本酒中除了"淡丽辛口"这样的高级酒，当然也少不了"日常饮用的高品质日本酒"。我们这里将它归类于日常中时尚的日本酒一类。

这里所说的时尚，不同于 T 台秀上的服装时尚，比如山本耀司设计的黑色套装，由于服装本身想要表达过多的内容而掩盖了穿衣服的人本身的个性。日本酒中的时尚风向标，一直都是崇尚用极简且高级的材料，适度地加入巧思的设计风格。就像英国的服装品牌玛格丽特·霍威尔（Margaret Howell）设计的白色 T 恤，虽然看似平淡，但只要做适度的搭配，也会让你无论在日常还是派对上都尽显品位。

日本酒中这种时尚观念的养成，我个人认为山形县的酒窖做出了突出的贡献。因为这种追求极简的时尚趋势，大概是从山形酒的"十四代"和"くどき上手"[9]开始。这种

9　清酒名称。来源于日本战国时期一位不依靠武力，善于说服对手而获得胜利的武将。——译者

只以高品质稻米和纯水为原料酿造的日本清酒，有着果茶的香气以及喝完之后诱人的余韵，口感中的香味和厚重感的平衡也掌握得恰到好处。这样的日本清酒无论是正式的场合还是日常与朋友的分享，都是再合适不过的。就如同在约会中见到穿着休闲西服、白色T恤搭配牛仔裤出现在你面前的帅哥，那种"毫不刻意的时尚感"，真是会令人心动啊！

日本酒同葡萄酒一样，属于"佐餐酒"。也就是说，酒的精髓在遇到合适的餐食时才有可能被发挥得淋漓尽致。前文所讲的"淡丽辛口"之类的高级吟酿酒，就是因为要求必须搭配高级的食材才能突出其风味，所以我们平常人家只能望而却步。说起来这样的高级日本酒，只有在搭配味道极淡的、可以感受食材的纹理感的高级和食时才能享受到那"极致的清淡"味道，这岂不是人气漫画《美味大挑战》中海原雄山心中的"至高境界"吗？

但如今的日常时尚系日本酒，却有着不错的包容性。新鲜的寿司和鸡肉糜等高级料理，日本酒当然不在话下，像炖煮菜、烤鱼、锅料理等普通的家庭料理也一样很适合佐餐享用。有些系列甚至和涮涮锅、中华料理或者泰国料理也有不错的契合度。我试过用这一系列的日本酒去搭配各种料理，匹配度都不错，如果认真考虑一下其中的缘由的话，我认为大概有以下三点：

一、有甜味和鲜味；

二、有适度的香气，并不会盖过食物本身的味道；

三、入口顺滑，饮后清爽。

当然，不同的品牌和系列也有微妙的区别，但通常日常时尚系的日本酒都有以上特点。

作为掀起地产酒热潮的"淡丽辛口"，以高级和正统为标准；而日常时尚的日本酒，却巧妙地保留了酒中的甜味和鲜味等"杂味"，在酒的清爽和风味间取得了微妙的平衡。如今的日常时尚系日本酒，虽然在酿酒过程中保留了适当的甜味和氨基酸余留下来的香味，但也在口感和风味上拥有高级日本酒的顺滑和正宗的日本酒香气。日常时尚系日本酒，可以说是融合了日本酒新旧时代的优点，并积极利用最新的酿造技术和手工艺者代代传承的感性，在"醇香感和清透感"中取得了微妙的平衡。

酿酒过程中的制曲技术、酒母状态管理、发酵过程调控等，每一步都需要做到极其精确的把控。另外，酿造家多是有品位的帅男靓女，他们积极引用最近的设备和技术，但又懂得尊重传统的重要性……我就不再过多地介绍太深奥的酿造知识了，只是想沉醉在这醉人的酒香中……总之它能让你十分愉快地享用食物，是充分的美的体验！

这里重点又来了！日常时尚的日本酒不仅能搭配平日里几乎所有食物，同时还能凸显出时尚感，这让年轻女性怎么能够拒绝呢？这就是为什么会有大家对日本酒的第三个印象——"很多年轻女性中也很流行的日本酒"。我最近举办了几次和大家一起分享日本酒的酒会，参加者中可是有大约七成都是有品位的年轻女性呢！

为什么会有这么多年轻女子喜欢日本酒呢？首先，美女都是爱美的；其次，美女都是爱自由的。日本酒有丰富的风味可以让人品尝美味，同时可以按照自己的喜好搭配不同的料理享用。这就是食物对受众的"驯化"。就如同一家有名的拉面屋，店主如果在店内张贴"禁止说话"的警示，就只能吸引古板克制的顾客前来享用美味。

从"老爷爷酒"到"淡丽辛口"，再到日常中时尚的日本酒，这就是近代日本酒变迁的历程。这样的日本酒，在不断提高品质的同时，也考虑到了与日常餐食的搭配度，因此消费者可以根据自己的喜好自由选择。在文化层面，日本酒不仅保持了文化的深度和多样性，也让更多的人可以比较容易地享用，实现了文化的传播性。日本酒每一步的发展，都在继承上一世代的基础上，对不足进行了修正和克服。这样集传统与现代于一身的日本酒，不仅渐渐抓住了日本年轻人的心，在海外也积累起越来越多的粉丝。日本酒，正在朝着光明的未来，前进！

日本"根源酒"的复兴

日本酒确实在不停地进化，但它仅仅是"线性进化"吗？难道日本酒的进化过程仅仅是超越昨天，然后今天的东西也最终难逃被明天超越的宿命吗？作为文化人类学学者的我，常常在想这个问题——"最新的就是最好的"这样的历史观真的是正确的吗？

"过去的终将过去，只有符合历史潮流的东西才能得以延续。"

这是进步历史观，其反面是"守护传统，传播古老文化"这样像环境保护团体的标语一般顽固守旧的观念。难道所谓的文化发展只有进步历史观和保守历史观两种非左即右的选择吗？当我在心里琢磨着"难道就没有第三条路"的时候，发现了在这两者的夹缝中生存的"根源酒"。

在成田机场附近的千叶县神崎町，有一座建于江户时代、到如今已经延续24代的叫作"寺田本家"的酒窖。这里的日本酒，或许是发酵爱好者耳熟能详的日本"根源酒"的代表角色，但对于正宗的日本酒追求者来说，这可不是什么拿得出手的角色。这里的日本酒，有着非常独特的酿酒方法。

总之，我是十分喜爱寺田本家的酒的（当然我也爱"老爷爷酒""淡丽辛口"，以及日常中时尚的日本酒）。这里的酒，有着豁达爽朗的味道和曲霉菌发酵后独特浓郁的风味，它看上去与主流追求清淡纯粹口感的日本酒的观念是背道而驰的。如果用美术作品来做比喻，那感觉如同法国印象派画家亨利·卢梭和美国前卫艺术家巴斯奇亚的作品中充斥的那种自由奔放和邋里邋遢混杂出的痛快感受。

寺田本家的酿酒法，甚至可以追溯到兵库县滩确立的标准酿酒法之前，是十分乡土的酿造方法。用音乐历史做比较，寺田本家的酿酒法相当于现代的慢拍摇滚音乐家，跨越了主流的雷鬼音乐路线而发展出了独特的斯卡曲风[10]和Rocksteddy。他家的酿造法总结起来有以下特点：

一、不剔除米的杂质；

二、使用野生的菌发酵；

三、对杂味和酸味的可接受程度较高。

接下来我会依次对以上特点进行解说。

首先有关酿造的原料——稻米。寺田本家最有名的系列，其原料用米是几乎不做任何处理的，完全朝着"淡丽辛口"的反方向操作。由于寺田本家在发酵前不会去掉米的外层富含蛋白质的部分，所以通过发酵菌对蛋白质的分解，会产生一些氨基酸类的香味物质。这些氨基酸随着发

10　斯卡曲风（Ska）发源于牙买加，本是该地的传统乐风。输入美国并改进后，于1960年代早期，成为美国流行音乐乐坛的一环，也成为美国当地拉丁美洲流行音乐的重要部分。——译者

酵的进行，可能会变为其他的杂味，酒的色泽也会变浑浊，口感变厚重。但这一切，在寺田本家都是允许存在的。甚至有些酒的系列，是用糙米直接发酵的。这样用糙米直接发酵的酿造法，是可以追溯到奈良至室町的中世纪时期非常古老的酿造技艺。而且，直接用糙米来制曲也是相当困难的！

其次有关发酵菌。现代主流的酿酒过程，主要参与其中的曲霉菌和酵母都是通过购买业界公认的标准菌种（至于乳酸菌等的发酵过程在此不做讨论），但是寺田本家的酿造过程，是利用从当地的田地里捕获的野生曲霉菌和寄居在酒窖里的野生酵母菌实现的。当然在制作酒母的过程中也同样有周遭环境中野生的乳酸菌参与，但比起利用业界标准菌种发酵的过程来说，寺田本家的发酵过程中多了不少各式野生菌的参与。

最后是酒的味道。寺田本家的酒将米中的香气成分充分稀释出来的同时，多种野生发酵菌的参与，也使得最后酿成的酒的味道极其丰富和复杂。要说到最主要的印象，是它豪放、热烈却令人身心放松的感觉。在一路追求"纯净"的日本酒的主流线性发展历程中，寺田本家却将中世纪的"浊酒"复兴发展了起来。

这种"浊酒"的美味在于被清酒舍弃的"曲霉菌的香

气”和“酸味”。在
追求“纯净”的日本
酒的线性发展过程中，
这样的曲霉菌的香气
被当作杂味，酸味被
当作被杂菌污染后的
味道而被去除。

对根源酒的重新诠释

　　那又是为什么，寺田本家酒中的香气和酸味，会再一次和现代日本的某种审美需求相匹配呢？本来应该被历史遗忘的回响音乐，为什么在今天的咖啡店听到时还是会震撼人心？实际上，像这样非主流的文化发展轨迹在日本酒界也发生着。现在有不少年轻的酿造家开始对用野生菌发酵糙米这样的古老酿酒技术产生了兴趣。虽然这样的“自然酿造法”给酿造过程带来了很多风险和很多无法掌控的部分，但也正因为如此，酿造家们才能利用自然的力量创造出与众不同的日本酒。有趣的是，现在酿造技术的发展以及微生物学的进步，竟然给“古老的日本酒”新的生机。新一代的酿造家们，在现在的技术水平之上，对古老的日本酒进行再构建……这难道不是当代的音乐家吗？

感受艺术的愉悦

我觉得随着对酒越来越深入的了解，我们好像越来越接近艺术的世界了。

酒，本身就是接近奢侈品的存在。换句话说，酒的制造是在"人类的感性"和"自然的特性"之间进行美味的创造，这么想来，这样的过程和艺术创造的机制是完全一样的。

19世纪后期至20世纪前期，美术世界发生了一次巨大的变革。也是从那时起，"印象派"这种艺术流派诞生。印象派颠覆了从前追求像照片一样真实感的西洋美术风格，转向追求"感觉的真实性"。随着印象派的发展，那段时间也诞生了莫奈、凡·高以及雷诺阿等著名的艺术家。

让我们首先从雷诺阿的名画《煎饼磨坊的舞会》说起。

这幅作品描绘的是——广场上在开派对的人们在日光浴下尽情舞蹈。如果你仔细观看，仿佛可以感受到画中从繁茂的树叶间漏下的阳光和拂过人们身上的清爽凉风……犹如身临其境一般。这样的作品之所以伟大，是因为它超越了静止画面的景象，不仅能带给你光或者风这样动态的视觉体验，还能让你切身体会到与自然环境的互动。按现在的流行语说，那真是"VR"（虚拟现实）一般的体验呢。

印象派的绘画作品，相对于之前的学院派艺术有部分

失真的表现。通常其表达的笔触较粗，几乎完全抛弃了文艺复兴之后形成的追求立体感和透视感的艺术创作思路。印象派的绘画作品看起来空空的，没有层次，乍一看甚至像小孩子的涂鸦。

但是，正是这样的"空"，才给了观赏者用自己的认知填补"留白"的愉悦。人类的大脑会根据自己的经验将所看到的非现实的画面矫正到符合自己认知的形象上去，这样的人脑再处理加工的过程，激发了身体的感受。画家捕捉到的人与自然的姿态，就以这样巧妙的形式在观赏者中实现了重新构建——雷诺阿捕捉到的"从繁茂的树叶间漏下的阳光"，已经通过眼前的这幅作品在我的脑中重新组合，成了代代木公园中"繁茂的树叶间漏下的阳光"。雷诺阿认知中的自然和我认知中的自然，就在这幅作品两端实现了穿越时空的交流。在看到这幅作品时，为了尝试理解雷诺阿想表达的，我会充分调动自己的认知努力贴近作品中的场景，以获得与作者同样的感受。这样的过程类似于工业设计中的"逆向工程"[11]。

摄影技术诞生之初，将"客观的视觉表达"作为主要的思维逻辑，在这样的背景下，画家自然更加偏向于"主观的认知表达"。换句话说，画家在这样的时代背景下，舍弃了"普遍性审美"，而走向了将自己在"某一瞬间，某一地点"的及时感受通过作品传达给观赏者的充满挑战的道路。画家个人瞬间的"静态存在"通过与观赏者跨时空的"感性交流"，实现了向"动态感性"世界的转换。

"怎么……怎么又是这么难懂的内容啊。"

简单来说，在欣赏艺术作品时，首先是感受"别人的感受"，然后产生"自己的感受"，而所谓欣赏艺术的愉悦感，就诞生于打通"别人的感受"和"自己的感受"的黄金时刻！这种愉悦感，在于超越时代和文化，与自己以外

11　IT用语。指在机械设计和软件设计时，通过对零部件的分解和分析，理解产品的构造和运作原理。

的人产生了沟通，在于通过别人的眼睛看到更加广阔世界
的满足感，也在于以自己的方式更加了解"自然"。正是通
过"自我"与"外界"的沟通，"自我"再一次得到肯定。

这样说来，雷诺阿感受到的"树叶间漏下的阳光"既
是19世纪巴黎街头的阳光，也是我和朋友周末在东京代代
木公园感受到的"树叶间漏下的阳光"。这个黄金时刻，我
与雷诺阿穿越时空一同存在，享受着习习凉风，喝着美味
的红酒。

像爱上绘画作品一样，爱上酒

对于我来说，饮酒和欣赏画作会带来一样愉悦的感受。

虽然绘画主要调动视觉，饮酒主要调动味觉和嗅觉，
但是从"感官层面的交流"来说，两者是一样的。当在享
用真正的美酒时，同样可以感受到与酿造家跨越时空的愉
悦交流。

细细品酒的过程，可以感受到葡萄生长的风土，可以
感受到酿造时微妙的温度变化和干燥的风，也能感受到原
料与微生物的互动，当然还有在酿造家个人的品位喜好下
产生的独特口感和风味。品酒的过程，就是尝试理解"酿
造家的世界"时充分调动感官进行"逆向工程设计"的过
程，也是在解开酿造设计师巧思的过程。从柔顺的口感可

以感受到酿造用的水一定是柔软而清澈的，从诱人的酒香又可以感受到酵母旺盛的生命力。从水中的风土和对酵母的敏锐的观察力，可以窥见酿造家的独特审美。

所以说，虽然我们从未见过每瓶酒背后的酿造家，他们却好像一直在我们身边。我虽然坐在城市的酒吧里，思绪却一会儿带着我来到了涌着山泉的森林，一会儿又到了吹着和煦的山风的葡萄田……我感到我好像与酿造家一边在品着酒，一边散步到各处感受自然。

酒的味道和香气，可以令人浮想联翩。如同上文的描述，人类可以通过味觉和嗅觉实现超越时空的旅行。而我们这些爱酒之人，也可以通过酿造家对自然细致的观察和感受，提高自己对自然的感知，从而改变自己看世界的方式。

让我们整理一下整个过程：首先，创作者（艺术家和酿造家），通过绘画作品和酿造过程将自己感受到的自然表达出来；之后，观赏者（鉴赏家或品酒家），通过对创作者认知的理解和再构建，享受作品带来的愉悦；最后，观赏者形成自己全新的认知。

爱上酒，就和爱上绘画一样。在这一系列的过程中，人丰富了对世界的认知，同时，自己也与不同时空生活的人们形成了通感。因此，品酒与赏画一样，不在于你有多么丰富的知识，而在于上述的过程中你有多么敏锐的感受力和强烈的情感共鸣。

因此，从反面来说，"无法让饮酒者看到酿造家的脸"或者"无法让观赏者看到艺术家的个性"的作品，即使在技术上多么一流，都会让人觉得索然无味！当感受到或者看到这样的作品时，最多也只能发出"嗯……倒也不错"的评价。经常去美术馆的朋友肯定有这样的体验。比如遇到一幅非常写实的作品，像照片一样逼真而符合所有逻辑，但就是不会给你带来任何感动。这就是没有与观赏者形成交流、只是单方面灌输的作品会给人带来的无聊感。当我们在听擅长与人交流的校长致辞或者政治家演说时，会发现他们一定是从"个人真实的感受"出发，然后直接传达可以与你产生共鸣的语言。这就是高级的交流，它会启发我们的感性，使我们跨越人与人的戒备和屏障实现愉快的对话。

我做这本书也有同样的期冀，希望我能传达给你们每一位我真实的感受，并使得你们产生共鸣和得到启发。

幸福的三角

日本酒的消费量，从1996年100亿升的最高峰，下降到如今2017年的80亿升。但如果仔细看看其中的缘由，或许能发现日本酒进化的历程。日本酒销售总量呈现下降趋势，其实意味着添加糖精和酿造酒精大量生产日本酒（之后我们称其为"普通酒"）时代的结束；而酒窖正经功夫酿造的日本酒（之后我们称其为"特定名称酒"）的消费量其实是呈上升趋势的。实际上在我自己办的酒会上，也有很多年轻、有品位的帅男靓女出席。近些年来也有很多看起来时尚有品位的酒吧出现。我感受到日本酒真的开始向艺术的方向发展了，食客也从为了喝醉而喝，渐渐转变为像欣赏文化作品一般发自内心地热爱。

这真是令人开心！可喜可贺！

我们倒回去思考，一种文化的形成，少不了创作者和观赏者之间稳定且愉快的良好关系。也就是说无论酿造家自认为花了多少心思酿造出多么好的酒，没有欣赏者和给予评价的食客，"好酒"都是无法成立的。如果酿造者和消费者之间没有良好的关系，好的酒就不能以适当的价格售出，这样被砍价的"好酒"会大大消减酿造家的心气儿，心想着"反正大家也不懂得这酒好在哪里，何必花这功夫呢"，于是酿酒工程立马会变得急功近利，大量生产一些成本低廉的酒。这样的酒如果流入市场且被包装成"高级酒"销售，最终受伤害的还是消费者。

大家发现了吗？如果消费者和商家之间是互相不信任的关系，自然会产生价格竞争的现象。而酿造家和消费者则是在互相给予灵感、互相深入交流下形成共同文化氛围

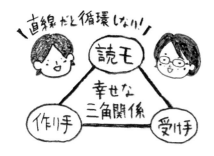

线性发展无法形成循环
创作者—宣传者—消费者
幸福的三角关系

的"好伙伴"啊。

　　不仅仅是日本酒，国产葡萄酒以及小规模酿造啤酒的发展过程也一样，要形成一种相对稳定的酒文化，上文所说的"幸福三角"的构建是十分重要的。那么，在消费者、商家这样直线型的关系中，如何增加一个平衡点来构成稳定的"幸福三角"呢？这个平衡点，又该是什么？

　　在时尚界，有一个身份叫作"宣传者"[12]。他们会在了解创作者故事的基础上，对产品进行试用或者时尚搭配，然后通过杂志等分享给普通消费者，并给出一些搭配建议。如果没有这些"宣传者"的存在，创作者和消费者之间可能很难一下子打破屏障，建立起互相信任的关系。而一旦

　　12　这里为意译，可以理解为现在网络上的"带货网红"。——译者

设置了这个点，两者之间就形成了相对稳定的"三角关系"，这样有助于打破偏见增进交流和互相理解。

这里大家可以回忆一下第四章的内容，充满和平友好的"赠予环"的形成，并不是只有 A—B 两者之间的交换活动，而是基于 A—B—C 三者或三者以上多数人的交换活动。同样，要形成互相尊重互利互惠的可持续循环性关系，少不了商家—宣传者—消费者这三者之间的交流活动。商家制作可以带给大家幸福愉悦的商品；宣传者通过自己的创意和对商品的深入了解，为大家呈现"如何享受商品"的方法；再之后，消费者已经不单单是"消费"这个商品，而是包含着情感和满足感同商品进行爱的交流。这份来自消费者的"爱"，则是对商家最大的鼓舞，令商家专注于努力制造品质更加卓越的商品。越来越多有趣的商品的产生，也刺激市场产生三角形、四边形等更多元的交流圈，不知不觉可能在某一天也能形成某种文化圈，持续永恒。

我想说的是什么呢？

文化的形成，不仅是创作者单方面的努力，消费者以及中间的艺术家也是不可缺少的存在。

回到酒文化，品酒家首先要理解酿造家眼中的"美"，之后以自己的方式来享受，并形成独属于自己的"美的体验"。绘画作品是画家和观赏者之间的"交互式艺术"，同样，酒也是酿造家和品酒者之间的"交互式艺术"。

不知大家领悟到了吗？艺术的本质并不是指"表现"本身，而是指通过表现产生的"交互式关系"。在艺术中，所谓"大家一起，一起织起的世界和平之网"是每个观赏者以自己的方式编织而来的，只有每一位观赏者都成为艺术家，才能形成一种艺术文化。作为商家可以有两种经营方式：一是通过广告直接简单粗暴地传达给消费者；二是通过"作为艺术家角色的宣传者"的理解和再表达，以文化的方式传播给消费者。

如今的日本酒、国产葡萄酒以及小规模酿造啤酒，正是处在满是"宣传者"的黄金时代。他们可能是正在读本书的每一位读者朋友，以自己的感性对酒中的价值进行深入理解和再表达，然后兴致勃勃地"安利"给身边的朋友，邀请更多的人来了解好喝的日本酒。这就是新时代酒文化的"宣传者"。我们以欣赏现代艺术和音乐的方式来享受美食和美酒，这就是在建立"幸福的三角关系"和"文化中的交流环"！

正因为没有标准答案，所以才是愉悦

在本章开头，我们就提出了"美，有普遍性吗？"这个问题，我之所以会问这个问题，是因为我本身就认为"人类的认知是没有确定性的"。

从学院派艺术被印象派颠覆，再到毕加索年代之后对现代美术的革新。每一次发展，"美的标准"都在被改写，同时新的价值观产生。同样地，所谓"淡丽辛口"的高级酒的局限性，也逐渐被日常时尚的日本酒打破，而根源酒也在另一个时空拓宽了直线型发展的路线。在历史的发展中，随着人们生活方式的改变，总是不断形成新的美的概念。古老的美披上新的时代的衣裳，形成独属于每一个时代，甚至每一个人的美。因此，美怎么可能有普遍性呢？即使目前有一些特定的解读，那也在时时刻刻因为社会潮流、评价，甚至每个消费者独特的审美而发生着变化。

美是没有普遍性的。美，只是"那一瞬间，那一个场合"下你心中荡起的一片涟漪。那么，那片涟漪又是从何而起呢？

答案是，"大脑"。人类的大脑，是一个彻彻底底的抽象空间。具体说来，人类是怎样感受到酒的美味的？又是如何区分那细微的风味差异的呢？现在的科学还不能够完全回答这个问题。我们现在所知道的只是，品味食物所产生的味觉，是大脑中多个认知系统相互作用的结果。也就是说人类的味觉是多层次感知共同形成的。我为大家摘抄了研究味觉形成的伏木亨教授对"多层感知系统"的分类：生理的欲求（口渴，饥饿）；对令人快乐的物质上瘾（总是想吃油乎乎的拉面）；文化习惯（妈妈做的饭最香）；外部

美味！

知识：品牌、故事

习惯：家乡的味道

舌、鼻：感官的刺激

饥渴：生理的欲求

评论的影响（米其林三星的餐厅一定很好吃）。

我们的味觉形成大概有以上四层。前两层属于动物性的本能，而后两层，就很抽象了。

对于酒的美味，也是由这四层感知叠加综合而成的。但实际上，现如今第一层（最基本的生理需求）已经对大家的味觉体验没有丝毫影响了。也就是说，虽然葡萄酒产生之初可能也作为饮料有一部分"解渴"的功能，但如今因为酒精度的提高，酿造法的精炼，已经让酒完全变成了依赖于抽象体验的奢侈享受。

其中由酵母发酵而来的酒精成分是一种奇妙的存在。

酒精这种化学物质(乙醇)本质上对生物是一种毒性物质(我们用酒精杀菌消毒是同样的原理),乙醇本身并不为人体提供任何营养物质,反而会麻痹神经,让身体不能够正常运作。所以,酒精本身应该是被我们"生理性欲求"所摒弃的,但是它让我们沉浸于这种"快乐物质",甚至上瘾。有研究表明,高度进化的猿类以及老鼠等哺乳动物,也有对酒精上瘾的现象。看来,在动物的认知中,酒精带来的"毒性"和"快乐"是同时存在的。

酒精本身虽然不产生任何香味物质,但比起普通的水来说,它对大多数香味物质都有更高的可溶性。正因为酒精的这个性质,酒才富有如此丰富的香气和口感。另外,酒精会让甜味和苦味更加突出,有提高味觉体验的作用。除此之外,酒精成分会带来刺痛感和灼热感,这让饮酒的体验刺激到更多的感官而变得更加立体深入。

总之,饮酒就是打开所有的味觉体验。而这一过程,会让你沉醉其中,也或者是上瘾般地欲罢不能(饮酒过度也会麻痹味觉)。

当然,酒作为与地域文化息息相关的一个纽带,也承载着一些从个人经验而来的"文化习惯"。比如昭和时代的老爷爷,可能已经习惯了一边吃关东煮和炸豆腐,一边喝"老爷爷酒"。对于他们来说,这熟悉的美味远胜于"淡丽辛口"那所谓的高级日本酒。

酒，自古以来作为奢侈品当然也少不了各种"外部评论的影响"。比如，这款酒的风土条件如何，今年的葡萄品质最棒了，来自天才酿造家的限量款100瓶，200年老铺……如果你听到诸如此类的评论，自然会觉得这款酒一定不同寻常。其实，一旦你脑中有了这些先入为主的观念，它是会在某种程度影响你的味觉体验的。也就是说，一旦你觉得"这个一定很好吃"，它吃起来就很可能是好吃的；一旦你被侍酒师介绍这是"极为名贵的红酒"，它很可能品尝起来就是远超于60元每瓶的超绝珍藏红酒的味道。

这是为什么呢？简单来说，是因为最终对味觉信息处理的是我们的大脑，而我们的大脑会将从舌头传来的味道，从鼻子传来的香气，眼睛看到的模样和从耳朵里传来的侍酒师的评论全部综合处理，最终形成"这瓶红酒好美味"的感受。在葡萄酒品鉴的教科书中，有"味觉卡片"的存在，这里将不同酒以"香草味""茅草味"等味觉分类，汇集成一个像色彩卡片一样的圆环。利用这个味觉卡片，你能对某一种酒有一个事先的认识，而当你用耳鼻舌实际享用时，那些语言上的解析也会影响到你的最终味觉感受。像这样由画面性的意识行为来影响生理反应的过程被称为"生物反馈"[13]。人类通过"形声闻味触"进行五感感受，而

---

13 医学领域用语。指通过血压、心跳等可视化的数值呈现，来对患者进行有意识的生理活动调节方式。

像这样用意识构成画面性的行为也会反馈到五感感受，这就印证了对一款酒的品味实际来自我们的大脑。

所以说，饮酒的体验是抽象的——任何一种酒，都没有一种普遍性的客观的味道存在。味觉，与其说是客观存在的现象，不如说是大脑认知系统通过信息整合而产生的虚拟现实。我想和大家一同欣赏一下毕加索的名画《哭泣的女人》。这是一幅将一个哭泣的女人的侧脸和正脸同时呈现的作品，这样的画面在物理世界中是不存在的，但是我们的人脑却有将侧脸影像和正面影像整合在一起的能力。回到品酒这件事，侧脸影像可以类比为"生理上的味觉"，正面影像则可以类比为"从外部信息而来的味觉"，而我们的大脑，可以像毕加索一样，将生理味觉和信息味觉统合起来。所以说，品一杯好酒和赏一幅名画，大脑经历的是一样的愉悦过程。

通常来说，生物的所有认知和行为根本上是由基因编码决定的。比如什么行为是必要的，什么是徒劳的，早就在某种生物的进化过程中写进了基因编码系统。但是除此之外，人类还拥有别的生物所没有的"对抽象信息的学习能力"，并能将这类抽象化的信息转化成生理认知和行为（至于其中的原因至今还没有办法解释）。

酒精，在基因层面不会给我们的身体带来营养，甚至还会有一定的毒性，我们却通过饮酒过程中的"享受"将这种游戏行为融入我们的宗教活动和社会制度，使它即使没有被刻进我们的基因，也能代代相传，引导我们的认知和行为。这就是"传承"，而其引起的行动变化就是"娱乐"。

其实所有的生物都会在无意识中创造"娱乐"行为，并通过"娱乐"实现沟通。这既是"库拉圈"的起源，也是你在卢浮宫欣赏艺术的内在驱动力，同样是品酒的乐趣。这是人类之所以为人的根本，也是"我"区别于"你"的存在，当然，同样是"我"与"你"共同存在的证明。

发酵，是打开人类无法看见的呈现"人与自然"世界的大门。同时，也是人之所以为人而进行的"永不落幕的娱乐"活动。

总之，派对在继续。

快乐永不落幕。

注释

第五章的主题是"酒和人的感性"。

通过本章对葡萄酒和日本酒的介绍，您是否对酒的酿造有了更加深入的了解呢？

如果你对甲州葡萄酒的历史和技术有任何疑问或者兴

趣，可以从日本葡萄酒酿造专家——麻井宇介的著作中得到全部答案。在本章中，我们引用了麻井宇介老师介绍胜沼葡萄酒制作风土的《葡萄酒的四季》，以及包括对日本葡萄酒制作进行思考的《比较葡萄酒文化学》。

说到日本酒，有"酒酿之神"美称的坂口谨一郎的《日本的酒》一书是不能不提的。20世纪60年代，三增酒席卷市面之时，坂口谨一郎给出了"总有一天真正的日本酒会到来"的神预言。他在本书中提出了日本酒与深厚的发酵文化高度相关的观点。另外，有关人类是如何品尝酒的味道的机制，我受到 *WIRED* 杂志主编亚当·罗杰斯（Adam Rogers）很多启发。他的著作《酒的科学》，不仅介绍了威士忌的陈酿原理，还解释了品尝红酒的诀窍，是一本可以轻松学习有关酒的科学知识的好书。

如果你对艺术和设计部分感兴趣的话，我很推荐匈牙利设计师乔治·多奇（Gyorgy Doczi）的《设计的极限与无限》（*The Power of Limits*）一书。本书对自然和艺术的关系层面的讨论，受到了翻译此书的日本设计评论家多木浩二的许多影响。

在走进发酵世界之前，如果掌握一些设计或者艺术学方面的知识，会发现两者之间竟然有很多共通的部分。有关这部分的内容，我想再找机会与大家深入讨论。

麻井宇介:《比较葡萄酒文化学》(酿造产业新闻社)
坂口谨一郎:《日本的酒》(岩波书店)
亚当·罗杰斯:《酒的科学》(白扬社)

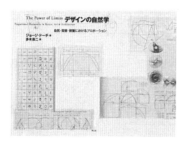

乔治·多奇:《设计的极限与无限》(青土社)

·有关葡萄酒的制法和风土性的系统性理解

最新ワイン学入門：山本博（河出書房新社）

·有关味觉发生的机理

人間は脳で食べている：伏木亮（ちくま新書）

味の文化史：河野友美（世界書院）

·胜沼葡萄栽培乡土史

ぶどうの国文化館歴史読本：上野晴朗（勝沼町役場）

专栏 6

酿造是什么？

我们经常说"酿酒"，这里的"酿"又是什么意思呢？所谓的"酿造"，和"发酵"又有什么区别呢？实际上，"酿造"一词在工学领域是有准确的定义的。

我们在此专栏中，就学校老师不会教给你的"酿造是什么？"这个问题从科学的角度进行简单的说明。

酿造即利用霉菌发酵的过程

"酿造"本来的定义是：利用曲霉菌之类的霉菌发酵的过程。

因此，日本特有的利用霉菌发酵的过程就可以称为"酿造"。同样地，日本酒、味噌，以及酱油的发酵过程，也可以称为"酿造"。但是现在我们一般不说"酿造味噌"，这又是为什么呢？其实这是因为近代以来，发酵食品的发展使得"酿造"一词产生了新的语义，主要指产生酒精的

（上左）酿造的定义
（上右）酒壶；没有释义
JAPAN 曲发酵
CHINA 酒发酵

啤酒酿造 = Brewing
葡萄酒酿造 = Vinification
酒的蒸馏 = Distillation

液体发酵过程。

　　因此，近代之后才有了"酿造葡萄酒""酿造啤酒"等说法的产生。

　　为什么"酿造"一词单单指代了"酒"的发酵过程呢？这可以从"酿造"的"酿"字开始解释。"酿"字的左半边"酉"最开始是指酿酒用的缸，而右侧的"良"是"襄"的简化，"襄"是指将东西填塞进容器中，将左右两边合并起来，就是"将谷物塞进缸中造酒"的意思。

　　这里中日两国对同一汉字的介绍还稍有不同：因为日本"造酒"的过程是从曲发酵开始的，所以在日本酿造是指"用曲发酵"的过程；而在中国，酿造的意思是指"造酒的发酵"过程。

"酿造"一词如何翻译成英文?

其实，英语（以及欧洲语系）中是没有与"酿造"一词完全对应的单词的。如果要说一般的发酵过程，倒是有"fermentation"一词，但这个词是指包括酿造对象在内的发酵过程，对于日本这样带有浓厚地域特征的"用曲发酵"的释义，英语中是没有对应词语的。至于原因，那很简单，因为欧洲并没有用曲发酵的文化根基。

接下来基于汉语"造酒的发酵"的意思，尝试对"酿造"一词进行翻译。如果要表达啤酒的酿造，可以译为"brewing"，酿造葡萄酒可以称为"vinification"。威士忌、白兰地和金酒之类的蒸馏酒的酿造过程分为两步：第一步用酒母酿造的过程称为"brewing"；第二步的蒸馏过程称为"distillation"。另外还有一些专业性极强的词语，例如用于表示红酒的酿造体系的"enology"，以及表示所有酒类酿造体系的"zymurgy"。从如此丰富的有关酿造的英文单词可以看出欧美人对酿造过程进行了多么细致的分类，由此可见酒文化在欧洲文化中的重要地位。

另外，由于日本酒同啤酒一样，都是以谷物为原料酿造的，所以"日本酒"又叫作"sake brewing"。

日本酒のボキャブラリー

＜日本酒の種類＞

純米酒：米と麹と水だけでつくった日本酒
吟醸酒：お米を4割以上削って醸した酒
本醸造：少量のアルコールを添加して味を整えた酒
普通酒：アルコールと糖類でのばした酒

＜製造方法の種類＞

生酛：蔵に住む乳酸菌を呼び込んで酒母をつくる
速醸：合成された乳酸を添加して酒母をつくる
無濾過：濾過をせずに濁った状態で瓶詰めする
原酒：発酵が終わった酒を水で割らずに瓶詰めする
↑通常は少しだけ水を足してアルコール分と風味を調整する

日本酒

日本酒的种类

纯米酒：只利用米和曲酿造的酒。

吟酿酒：磨去米表层 40% 以上杂质后酿造的酒。

本酿造：在酿造过程中添加少量酒精以调整味道的酒。

普通酒：用酒精和糖类稀释出果实中果汁的果实酒。

酿造方法

生酛：利用酒窖里野生的乳酸菌生产酒母的酿造法。

速酿：通过添加购买的乳酸菌菌株生产酒母的酿造法。

无过滤：酿造过程没有经过过滤的浊酒。

原酒：发酵后没有加水封装的原酒（通常，日本酒在最后发酵结束后会通过加一定的水分来调整酒的风味）。

<u>ワインのボキャブラリー</u>

< ワインの種類 >

白ワイン：ブドウの果実だけで醸す
赤ワイン：ブドウの果実とともに果皮を漬け込んで醸す
ロゼワイン：赤ワインの果皮の漬け込みを弱くする
スパークリングワイン：酵母のガスを瓶に閉じ込める

< ワイン用ブドウのポピュラー種 >

カベルネ・ソーヴィニヨン：超定番。酸味があり熟成向き
ピノ・ノワール：赤用の定番。繊細な風味を生む
シャルドネ：白用の定番。ジューシーな風味を生む

葡萄酒

葡萄酒的种类

白葡萄酒：只用葡萄的果实酿造的酒。

红葡萄酒：连同葡萄的果皮一同酿造的酒。

粉红葡萄酒：在酿造过程中减少果皮和果汁接触时间酿成的酒。

香槟：将酵母发酵产生的碳酸保留在酒瓶中的白葡萄酒。

拥有高人气的葡萄品种

赤霞珠：最基础的葡萄酒酿造专用品种。有酸味，适合做陈酿。

黑比诺：用作红葡萄酒酿造最常用的品种。充满微妙复杂的香气。

霞多丽：用作白葡萄酒酿造最常用的品种。有果汁一般的风味。

有关葡萄酒和日本酒的种类

　　在第五章中我们讲到了葡萄酒和日本酒。两者都是酿造法和风味极为丰富的酒类。因此，我们在这里简单地通过原料和酿造方法对葡萄酒和日本酒进行了分类。当然还有更加细致的分类的方法，感兴趣的话可以参照一些有关酒类分类的专业书籍来学习。

第六章

从事发酵工作

——酿造家的喜怒哀乐

酿造家的真实面貌
发酵的工作好有趣啊!

本章概要

　　第六章的主题是"酿造家的工作方式"。

　　本章通过介绍四位分别从事日本酒、味噌、酱油和葡萄酒酿制的酿造家,了解发酵工作中的哲学、组织和经营的方法。让我们一起深入了解发酵这份工作。

本章主要讨论

▷ 酿造家们实际的工作状况
▷ 发酵和经营之间的关系
▷ 什么叫作"手作发酵"

通过工作与自然进行对话

对出生于东京的我来说，"工作"应该是像在保险公司上班的母亲和在出版社工作的父亲一样——坐在都市办公室里的样子。但是，自从我做了发酵设计师，有机会参观各地以农业和传统手工业为主的产业之后，才了解到除了坐办公室，其实还有很多其他的工作类型（城市里长大的小孩懂得好少）。

所谓城市里的工作，其实都是与"人"打交道——与同事开会，和客户谈判，调查了解消费者喜好等，说白了都是"与人相处"的工作。而当我去了乡村和地方小城镇，我才发现这里的人们大多做着与"自然"交流的工作——农民和土地蔬菜交流，牧民和牛羊交流，渔民则是与海和鱼交流，除此之外，还有每天在森林里伐木的工人，用这些木头做成家具、工具的匠人，甚至还有在荒郊野外观察不同生物的学者……原来工作，可以不单单是和"人"打交道，还可以有如此多样的工作类型和"自然"相关！这可真是新鲜的体验。

说起制作发酵食品的酿造家们，他们的工作方式更是颠覆了我的世界观，彻底改变了我先入为主形成的对"工作"的理解。这是为什么呢？或许是因为他们的工作每天都在跟"肉眼看不到的生物"打交道吧。当我看到酿造家们每天和肉眼看不到的自然相处，并以与人相处完全不同的逻辑来思考世界时，我不禁开始重新思考"对于人类来说工作到底是什么？"这个虽然笼统但重要的问题。

"不就是为了挣钱吗？"

"工作是与轻松的生活状态相对的紧张时间。"

"工作是需要考虑如何扩大规模，如何发展的经营。"

以上的工作观，当然都无可厚非。挣钱、休息以及发展，都是工作中不可缺少的元素，但我认为那不应该是工作的目的。工作对于人类真正重要的意义在于，通过工作可以获得什么。金钱和规模等并不应该成为工作的终极目的，真正重要的在于自己的世界有没有因工作变得更加丰富；工作有没有让自己对所在的世界有更新的领悟；工作有没有让自己更加理解自己与外部世界的关系。这样的过程和收获才是工作真正的意义。

因此，"工作"也可以理解为存在于人类社会的一种交流活动的方式。比如通过工作，创造美味的食物、创作美丽的事物又或是生产有用的产品，这样的过程即是以工作为媒介与外部多样的世界深入交流、加深理解的过程。自己的工作做得越深入，自己与世界的羁绊就越强烈。工作中自己做了多少，成果就会回馈你多少，这样的过程虽然是严肃而令人紧张的，却也充满乐趣，不是吗？

所以对于"工作到底是什么？"这个问题，除了来自生产者官方的回答——"创造对大家生活有用的东西",还可以解释为"在生产商品的同时,通过我们的商品加深人与自然的羁绊"。我们的工作就是通过创造这样的交流行为,而产生第四章提到的莫斯老爷爷所谓的"形成人类社会的副产物"。但是仅仅通过生产产品是不足以让人类世界变得更加丰富的,关键是需要伴随生产过程而产生的互相交流和新的发现。

宫泽贤治的童话《狼森与笊森、盗森》中,有一段村民开垦森林前与森林的对话:

四个男人站在森林里朝着四处大喊:

"我们可以在这里开垦田地吗?"

森林回答道:"可以啊!"

四个男人再次齐声问道:

"我们可以在这里建造房屋吗?"

森林回答:"可以!"

大家又问道:

"那我们可以用火吗?"

森林回答:"可以啊"

大家再齐声问道:

"那我们还可以从您那儿得到些木头吗?"

森林还是同样慷慨地回答："当然可以。"[1]

生活在森林里的村民，为了御寒防暑，在建造房屋（生产活动）之前会征求森林（自然）的许可。这样的场景在我们都市人看来似乎是离谱的，但村民们确实是很认真地与森林进行着类似的对话。当村民询问"给我们些木头可以吗"，若是当时没有得到森林的回复，大家会认为这个森林已经死掉了。"死掉的森林"无法给村子的建造提供材料资源，所以，在这样环境里的村民会更加谨慎地生活，随时关注着森林的健康。只要沟通是持续的，只要从自然中还是能得到一些回应的，人类就可以在这片土地上生存下去。

村民在面对自然时的谦逊是没有逻辑可循的，这是每个村庄代代相传下来的生活方式而已。

像宫泽贤治在童话中所描述的一样，人类正是在很长一段时间里都保持着与自然进行对话的生活方式而使得彼此得以延续。

村民们从自然那里得到馈赠后，会将自己亲手制作的食物返还给自然。人类向神灵供奉食物、酒等的风俗习惯存在于世界上任何地方。比如欧洲的"收获节"，日本定期向神社供奉酒……这些都是回报自然的仪式。

　　1　引自宫泽贤治著《狼森与笊森、盗森》。

"一直以来都受您照顾了！谢谢！"

"我们是知恩图报的，所以请原谅我们事先从您那儿拿了太多。"

"我希望您永远健康快乐！"

这就是我们对自然的一份回馈。我们人类利用从自然界中得来的原料生产，在生产过程中加深人类之间的团结协作、相敬相爱，最终还要知恩图报向世界（自然）回馈我们的感激。就是在这样的过程中，人类才学会与他人及自然相处的礼节。而工作，就是让人学习这些礼节的训练营吧。

充满微生物和帅哥的绝无仅有的酒窖

从这一小节开始，我们就来介绍一下在微观世界每天与自然进行对话的酿造家的工作。我们将介绍四位分别从事日本酒、味噌、酱油、葡萄酒酿制的酿造家，看看他们每天如何工作，每天在工作中又能收获什么。

第一位要介绍的是位于秋田县秋田市的日本酒窖"新政"的"杜氏"古关弘。所谓"杜氏"，在日本酿酒界是"掌门人"的意思，相当于我们设计界里的"艺术总监"。所以杜氏在酿酒过程中不仅要负责酒的品质，还要率领匠人做好酿酒工作的职责（另外，酿酒界还有一个称呼为"酿造责任者"，他是对生产流程负责的制造商负责人，通常由社长担任）。

而由古关先生掌门的新政酒窖，是秋田具有代表性的酒窖。它成立于1852年，在日本国内有着众多粉丝，并在近年开通线上购买通道，是高价位且具有人气的高级日本酒品牌。新政酒窖，不仅因其生产的酒品质高级而闻名，其本身在酿酒业可是具有划时代的意义的存在。

之所以这么说，是因为新政酒窖在明治时期培育了知名的"协会6号酵母"[2]。一直到江户时代以前，日本的酒窖还只是用栖息在酒窖里的野生酵母进行发酵活动，但这种酿造法经常会因为引入杂菌污染导致腐败。因此，进入明治时代之后，随着近代微生物学的发展，国家主导成立协会并开始推进"可稳定发酵的酵母菌"的研究开发。其中确立的一个标准菌株的原型就来自新政酒窖（通称"6号酵母"）。从新政酒窖里分离出来的酵母菌，通过一系列的品种改良还诞生了许多种类的标准酵母菌，如今这些酵母分散在日本全国各地的酒窖贡献自己的力量，大幅降低了酒在酿造过程中腐败变质的概率。

"这么说来，我们现在喝的日本酒的祖先都来自新政酒窖咯？"

2　由明治政府设立的"日本酿造协会"认证的酵母，也是日本酒和烧酒酿造时所使用的标准发酵用酵母。

是的！除了目前还在使用野生酵母菌进行发酵的寺田本家之类的酒窖，主流的日本酒窖使用的发酵酵母，都来自新政酒窖的"6号酵母"。

作为种菌的"6号酵母"，比起其他的酵母菌更接近野生酵母菌。比如，它比起"万能型9号酵母"有更加粗犷的气质，也就是说它能适应更加广泛的酒母环境进行发酵。所以说新政酒窖，与其说是使用业界标准酵母酿造，不如说它一直就是在使用自己酒窖里的野生菌。它"既有标准性，又有多样性"，是同时有两种完全不同特点的神奇酒窖。

新政酒窖的酿造遵循"秋田米、纯米、生酛"三个酿造原则。这是新政酒窖第八代社长酿造责任者佐藤佑辅制定的。至于为什么要专门介绍这三个原则，是因为这三个原则放在日本酒界，每一个都是非同寻常的。

首先看"秋田米"原则。日本酒酿造中经常使用的米大多是兵库县的山田锦、冈山县的雄町、新潟县的五百万石里的精选米。新政酒窖并没有采用这些产自其他县区的酿酒主流稻米，而是主要针对当地的秋田米进行研究调试。这最开始其实是为了应对灾害，利用长期储备的秋田米进行酿造的传统。

其次是"纯米"原则。所谓"纯米"酿造，是指只使用米和水的酿造方式。不仔细分析或许会被认为是理所当然的事情，但如我们在第五章说明的，现如今日本流通的日本酒还多是要添加酿造用酒精的。也就是说，新政酒窖虽然为了便于调整味道引入了很多工业化设备，但酿造的习惯还是坚守了江户时代成立初期的原则——只使用纯米和纯水来酿造。

这么说来好像又会归结到匠人精神的层面上来，但即使理性地看，用纯米酿造也是非常英明的决断。为什么这么说呢？日本酒在日本主要的消费者是50多岁的老爷爷，他们习惯喝用糖和酒精稀释调整过的日本酒，而对于新政这种只用纯米酿造的日本酒，在他们喝来只是"华而不实"的酒。也就是说，一旦选择了用纯米酿造的道路，就意味着会失去目前大部分的消费者，但收获了高端市场，这确实是眼光长远看向未来的英明决定（即使在日本，有勇气做出这样决定的酒窖都少之又少）。

最后是"生酛"，在现在日本酒的酿造过程中，利用生酛酿造是很冒险的。在生酛酿造技术开始的江户时代，正式开始发酵前会通过"山卸"这一步将酒桶里残留的乳酸菌清除，以确保酵母相对稳定、良好的发酵环境。但到近代以来大多数的酒窖都省略了"山卸"这一步骤，而改为"速酿法"（详细解说见第五章）。"速酿法"的开发，不仅使制作酒母的过程更加简便，还有效减少了由于乳酸菌等剧烈活动而产生大量乳酸或者腐败的现象。所以，近代以来日本酒的制作工艺已趋于稳定成熟。既然如此，新政酒窖又为何不用这高效稳定的"速酿法"，而偏偏选择江户时代古老的生酛酿造法呢？如果是尚古，像别的酒窖一样出一两个系列的生酛酿制酒就好了，何必所有的系列都沿用生酛酿造呢？

单用生酛酿造法对于酒窖来说风险是极大的。正如大家所想，生酛酿造过程中易被杂菌污染，而酒窖中一旦发生污染，则所有的酒就必须废弃（过去也有不少酒窖因为污染事件破产）。但是事情总有正反两面，生酛酿造在面临被杂菌污染风险的同时也有其独特的优势——由这些长年栖息在酒桶中的乳酸菌发酵产生的独特风味，是现代工业发展而来的标准化酿造技术所没有的。也就是说，新政酒窖选择站在追求日趋统一化的日本酒的对立面。

新政酒窖的"秋田米、纯米、生酛"酿造三原则，可真是"风险 × 风险 × 风险"，风险的三次方组合啊。这种风格如果要以足球做类比的话，就如瓜迪奥拉[3]执教时期的巴塞罗那队一般。

那么，新政酒窖的古关先生又是如何工作的呢？

我去酒窖参观的时候，首先令我惊讶的是酒窖里的工作人员以年轻的帅哥居多，就感觉仿佛走进的是写字楼中

3　以连续快速的短传进攻方式为特征的传奇性足球教练。

的 IT 企业，不同的是这些英俊挺拔的高学历帅哥不是穿梭在写字楼中而是穿梭在酒桶之间忙碌。能吸引如此多帅气的年轻人来这里工作，就是新政酒窖不同寻常之处！更加令我惊讶的是，作为掌门人的古关先生和这些帅气的年轻人竟然称兄道弟，关系十分亲密。我之前也去过不少酒窖参观，普通酒窖里的工作人员通常都只埋头工作，并不怎么打招呼或者互相聊天。而以古关先生为首的酿造团队，那工作氛围真是相当活跃！这是古关先生想要构建的酒窖风格。通常的酒窖大多是掌门人一声令下，没有人敢违背的严肃紧张的氛围。而新政酒窖在古关先生的带领下，希望构建的是可以让年轻人自由思考的开放氛围。我在参观途中，就看到古关先生向身边的年轻工作人员询问他们的意见。

新政酒窖这种借酒桶里天然的野生菌发酵的生酛酿造法，要求酿造者有足够丰富的经验。而古关先生在酒窖里聘用20多岁的新人培养他们生酛酿造的技艺，并可以完全信任这些年轻人的品位让他们放手去干，着实异于常人。

"让他们按照自己的想法去做，才能酿出连我也为之惊讶的精美的生酛酒。"

古关先生这么解释。原来如此，那么这些年轻人又是凭什么做到的呢？

在我看来，这样大胆的尝试能够成功在于古关先生为

▶醸造家プロフィール#1

秋田県秋田市
新政酒造 杜氏 古関弘さん
<ruby>古関弘<rt>こせきひろむ</rt></ruby>

【つくっているもの】**日本酒**

【蔵の特徴】**県産米・純米・生酛**
手間をかけることをサプライズにする酒づくり

【扱う菌】　**麹菌・酵母・乳酸菌**

麹菌▶種麹屋から入手
酵母▶新政起源の6号酵母
乳酸菌▶蔵に棲む乳酸菌

醸造家の感じる
【発酵の
バランス】　**醸造技術6：原料2：微生物2**

人間の醸造技術が酒質のカギを握る!

【オフの
時間は…】　**走ってます!**

あとは蔵の設備を見たり…

自分にとって
【日本酒
とは…】　**自分と世界のあいだに
流れるもの**

酿造家人物简介 #1

秋田县秋田市

新政酒窖 杜氏 古关弘先生

【酿造的东西】日本酒

【窖的特定】秋田米、纯米、生酛

（在花费功夫的地方创造惊喜）

【发酵用到的微生物】曲霉菌、酵母、乳酸菌

曲霉菌：从种菌屋购买

酵母：来自新政酒庄的酵母 6 号

乳酸菌：长年栖息在酒窖里的乳酸菌

酿造家认为的【发酵中各部分要素的配比】

酿造技术：原料：微生物 =6：2：2

【空闲的时间】跑步或者在酒窖里查看设备

对于自己来说【日本酒是……】自己与世界之间流淌的东西

了让年轻人可以尽情挑战，早已将酒窖的环境安排妥当。

　　能带领酒窖走向创新的掌门人有两种。一种是为了实现自己脑中所有关于美酒的意识，懂得如何利用部下帮助他。另一种则是为部下准备好可以开放自由想象的平台，使每一个部下都发挥自己的创意才能。新政的掌门人古关先生，就属于后者。

　　参观酒窖时，古关先生十分认真地给我们讲解了酿造桶的清扫过程。他在讲解时的那股认真劲儿和清扫的细致程度，远远不是普通酒窖工作人员能做到的。所以我想，古关先生经营酒窖的核心或许就在于对酿造桶的清扫。本身就是靠酿造桶里栖息的微生物进行发酵的生酛酿造，为

什么酒桶的清洁如此重要呢？其实那是因为，在发酵前清洁酿造桶可以有效防止发酵过程中的材料被杂菌污染。

"小拓，你这到底想说什么啊？"

嗯，我想说的是，放手让年轻人做确实可以打破酒窖固有常识生产出意想不到的好酒，但年轻人经验不足也确实会犯一些致命错误。生酛酿造中的致命错误就是污染。古关先生凭借自己的经验，为这些年轻人扫除可能犯错的障碍，为他们提供生产令人意想不到的好酒的安全环境。

当我在与做发酵相关工作的酿造家们谈话时，他们总说"自己并不是制造者，只是为制造者（发酵菌）提供良好环境的人"。看来这并不是一味的谦虚，而是真的道出了酿造过程的精髓啊。说到工业制造和发酵制造最大的区别，便是看产品中有没有百分之百地反映生产者的预想。比如通过微生物发酵的发酵制造，通常是会超越生产者构想而被呈现的。

如果酿造过程向不好的方向发展，那就形成了腐败；如果向好的方向发展，那就如上文所说，可以生产出超越制造者想象的优秀发酵产品。千百年来让人类对发酵活动欲罢不能的，其实就是这份出其不意的积极意义上的"背叛"吧。

"一直按照自己的想法做同样的事情，是会感到无聊的。所以不如相信这些年轻的家伙，看看他们能制造出什么样的新东西，至少这样的过程是快乐的。这样不仅可以快乐地工作，还可以培养下一代。"

能登（石川县）的杜氏代代相传，到古关先生这一代，可能在哪个节点感受到了一直以来延续的酿造方法的局限性吧。而且成立新政酒窖之后，佐藤社长又立出了"秋田米、纯米、生酛"这样高难度的酿造三原则。所以古关先生想着不如干脆搏一把，既然制酒的公式已经要改变，不如完全舍弃以前的做法启用年轻人，让他们给酒窖注入一些新鲜的血液。但这一切都增加了酿造过程中的变数。

站在酒糟发酵桶旁边的古关先生小声嘟囔着：

"赌上这么多的不确定因素，与其说是为了突破我自己的极限，不如说就是想造出些好酒啊。"

这难道不是道出了人类创造性的原点吗？打破自己的尝试。引入新的力量。

所谓美，并不是事先设计出来的，而是在与风险搏斗中产生的。

"费尽心思酿出的生酛酒母，加上'6号酵母'的后期发酵，是可以产生极其美妙的化学反应的。所以我们才能酿出如此有个性的美酒！"

古关先生用愉快的语调这样介绍了新政酒窖用独特的酿造法酿造的吟酿酒。而它的味道，又是如何的呢？

首先，新政的吟酿酒喝起来的第一印象是入口甜，但后味清爽，其中还有香味。这种甜味、鲜香味和生酛酿造独有的乳酸充分调和，形成了甜味、香味、酸味美妙的平衡，隐隐约约可以感受到水果一般的清香。一瞬间会让人产生"欸，我是在喝饮芳香馥郁的霞多丽白葡萄酒吗"的错觉。

从日本酒谱系的发展来说，这应该是融合了"日常时尚的日本酒"和"根源酒"的优秀之处而诞生的。好入口，香味浓，而且还保留着高级日本酒中独有的清冽的曲的味道。这种果香型日本酒，相信不论是老一代嗜酒如命的老爷爷，还是如今的年轻人，都会喜欢。就算是尝遍美酒的资深日本酒爱好者也对这好似有魔力一般的味道丝毫没有抵抗力。这种味道，便出自粗犷且充满诱惑的6号酵母和天鹅绒般柔和甜美的曲霉菌的发酵。

其次，新政的吟酿酒的另一个特点就是"第一口进去就可以给人留下深刻的印象"。一般高级的日本酒大多喝起来如水一般清冽，但新政的酒入口之后有极强的存在感。这种带有冲击力的味道正是来自生酛强烈的发酵。这种强烈的发酵通常很容易带来杂味，但新政的酿造由于酒母的纯净，没有带来任何令人讨厌的杂味。

这样看来，新政酒的设计理念是相当明快的。这样的酒，让我们可以感受到他们有志于标新立异创造日本酒新的标尺。这其中融合了6号酵母和生酛酿造的精髓。这就是新政酒窖，它既是跟随潮流的，也是尚古的；它既有粗犷的酵母，也有细腻的曲霉菌，还有帅气的酿酒师傅。它就是会时常使用逆向的思维，创造新的价值的独特酒窖。

而这所有的一切，都是在杜氏古关先生"保持干净的酿酒环境"和"放手让年轻人干"的基础上实现的。古关先生，可真是位出色的"艺术总监"！

载歌载舞的欢乐味噌屋，DIY 发酵达人

这一小节，我为大家介绍一位不同的发酵达人。

在山梨县甲府市的一家味噌屋——"五味酱油"，有一位名叫五味仁的先生，是这家味噌屋的第六代传人。其实我之所以走进发酵和微生物的世界，就是源于和五味酱油的缘分。

五味酱油，是创立于明治时期1868年的味噌老铺。这里虽然叫作"五味酱油"，但现在已经不再生产酱油了。二战之后，由于很多大型酱油企业的挤压，五味酱油在30年前就停止了酱油的生产（有关酱油产业的兴衰，我们之后会在介绍酱油酿造家时详细介绍）。现在主要以味噌和其原料曲的制造为主，另外还贩卖一些供家庭使用的"手作味噌套装"。作为第六代传人的仁先生，主要负责商品的开发和味噌、曲的制造。

　　五味酱油有两个独特的地方。一、酿制具有当地特色的甲州味噌；二、对外开设手作味噌兴趣班。接下来我们逐一解说。

　　我们在第二章的图释中说过，味噌通常分为米味噌、麦味噌、豆味噌三类。五味酱油的味噌却不属于这三类里的任何一类，它所酿造的甲州味噌，是用米和麦子混合发酵而成的"混合味噌"。虽然叫作"混合味噌"，却和市面上将米味噌和麦味噌简单混合起来形成的普通混合味噌不同，它是在酿造之前将米曲和麦曲混在一起同时发酵酿制的。像这样将两种味噌原料混合发酵的过程，即使在"混合味噌"里都是少见的。

　　甲州味噌的起源可以追溯到室町后期的战国时代。那是个处处战乱的动乱年代，数万士兵风餐露宿。行军途中，为了士兵可以随时随地补充营养，很多便于携带的食物被发明出来。味噌就是其中一种。无论何时何地，只要有热水就可以饮用味噌，味噌也便于长期保存。而且味噌中含有大量的盐分，有助于体力的快速恢复。因此，在那之前只有王公贵族和僧侣才能享用的味噌，从战国时期通过军队一下子普及开来，成为人人皆可方便食用的食品。

　　那么，山梨县的味噌又经历了怎样的发展过程呢？据说，是武田信玄发明的甲州味噌。山梨县多山地，缺少可以种植水稻的平地，因此当地农产形成了稻米和麦子间作的形式，因此才有了混合米和麦子进行酿造的甲州味噌。也就是说，甲州味噌是当地独特的风土孕育出来的。至于五味酱油，为何在如今随处都可以买到信州味噌、仙台味噌的时代，还坚持酿制这小众的甲州味噌呢？仁先生这样解释："我们山梨县的人是相当保守的，无论如何都无法舍弃熟悉的乡土料理。我们的煮小鱼干味噌汤、味噌锅乌冬面，无论哪一道都离不开甲州味噌。"

五味酱油家的味噌，和其他地方的味噌确实不一样。你用它来做味噌汤立马就能品出其中的区别。它比起纯米酿造的味噌会多一些香味和甜味，比起麦味噌，又多一些浓厚的味道，另外还有无论纯米味噌还是纯麦味噌中都没有的一些苦味。这复杂的味道形成的绝妙平衡让人欲罢不能。我第一次品尝五味酱油家的甲州味噌时，说实话是有"天哪，这是什么原始的味道啊"这样的惊讶的。因为我们平时在超市里买的普通味噌，都是经过调整将口味和质感中突兀的部分变柔和之后的大众食品，但仁先生坚持酿制的味噌，则是山梨县代代相传下来的手作味噌的味道。

那么，仁先生的甲州味噌，是为什么会有这样"原始的味道"的？就让我们从他们的酿造工程看起。

五味酱油的味噌，如前文所说由"两种不同的曲混合酿制"。除此之外，"在木桶里酿制"也帮助它形成独特的风味。用杉木做成的发酵桶因为木质疏松，便于多种微生物栖息其中。除了酿造味噌所必需的酵母和乳酸菌，还有很多野生的微生物栖息在木桶中参与发酵活动，因此在这样的环境中酿制出的味噌会有普通超市中味噌没有的独特风味。至于大型食品公司酿造的味噌，大多是使用金属的发酵缸，为了达到稳定的味道和口感，通常还会加入人工培养的微生物来启动发酵过程。这样的发酵工程在达到稳定量产的同时，却很难有独特的个性。

用木桶酿制的味噌在利用木桶中栖息着的各种野生微生物的同时，每一桶也诞生了略微不同的风味。因此五味酱油是这样宣传自己家的味噌的："我们家的味噌，会根据季节不同、酿造的木桶不同而产生不同的风味。请大家尽情品尝其中的乐趣！"

而在如此波动不稳定的味道中，五味酱油家又是如何保持其"独特性"的呢？其中的秘诀在于"曲霉菌独特的混合方式"。五味酱油在味噌酿制时，会用到四到五种不同种类和个性的曲霉菌，将它们分别添加到米曲和麦曲中。另外，由于麦曲的温度管理比较苛刻，在发酵过程中为了避免麦曲由于高温而过度发酵，会另外添加几种曲霉菌的混合粉末（曲霉菌发酵发热，温度过高可以使麦曲停止发酵）。这种通过添加曲霉菌混合粉末来停止发酵的方法，可是五味家的独家秘传。仁先生跟我讲，"虽然不知道为什么使用这几种曲霉菌的混合粉末，但只要是按照这个配方做了，酿制出来的就是我们五味家的味道"。这就如同百年老店中腌菜的米糠和有名的拉面店的汤头一般，独具匠心，自成一格。

五味酱油家的味噌，是有故意保留手作味噌的风味在里边的。在酿制过程中，从两种曲的制作到混合大豆和曲的过程仍然保持用人力进行手作（这是十分繁重的体力劳动）。这样制得的曲，自然是有保留"手作的味道"的。不论是有些没有混合完全的地方，还是无法完全密封的发酵木桶，又或是利用野生的微生物发酵，这其中都会产生太多无法预期的味道。

"味噌的香味和浓厚的味道都来自住在木桶里的酵母菌。酵母菌不止一种，其中有产生香气和酒精的优秀酵母，也有不产生香气偷懒耍滑的酵母。而要生产我们五味家的味噌，这其中哪个角色都缺一不可，没有耍滑偷懒的酵母菌稍微贡献一些力量，就没有我们家的味噌。就是这样手工酿造的过程，以及对稍微有些调皮捣蛋的微生物的容忍，才形成了有趣的五味酱油家的味噌，才有了味噌汤中复杂而丰富的风味。"

听仁先生这么说来，手作味噌的概念对五味酱油来说并不是单纯为了回归传统，而是为了实现更加复杂的发酵过程。只有引入这样人类无法完全掌控的酿造方法，才可以诞生每天吃也不会腻的复杂风味。而这样的味噌，就是在如此微妙却复杂的酿造过程中诞生的。

好嘞，接下来我们介绍五味酱油家的另一个特点——开设手作味噌兴趣班。

五味酱油开设的手作味噌兴趣班已经在全国声名远扬。不单是在山梨县内，五味酱油在全国范围内每年要办100次以上的手作味噌活动。之前说到的由我设计的动画片《味噌之歌》，就是为了大家能更加直观地参与手作的活动，应邀和仁先生一起制作的。实际在手作味噌活动中，仁先生的妹妹洋子小姐也会和着《味噌之歌》边唱边跳教大家如何制作味噌。这种轻松愉快的风格深受小朋友和年轻人喜欢，还形成了被称作"快乐手作味噌"的新流派。

但是，稍微想一下你可能会问了："味噌作坊教别人做味噌？自己的味噌还有的卖吗？"

我也抱着同样的疑问询问仁先生："大家开始自己做味噌之后，难不成会让我们的营业额上涨吗？"

"最初我也有这样的担心，但就在持续做兴趣班的过程中，我才发现自家的味噌销量果然变高了。我想这是因为自己开始手作味噌后人们对味噌的消费量变大，因此自然购买的量也增多了。"仁先生这样回答。而且一旦开始手作味噌，参与者总是会给亲朋好友送一些；而收到手作味噌的亲朋好友，看到这样的礼物必然想自己尝试一下，于是也跑来五味酱油家的手作味噌兴趣班。这样便形成了周而复始的"手作味噌圈"，而这样循环的过程，则开拓了贩卖制作味噌原材料的新的商业思路。总之，兴趣班的流行不仅带动了"手作味噌套装"商品化，还让直接贩卖曲的商家们赚了一笔。

　　随着手作味噌兴趣班越来越火热，制作味噌用的曲自然也有越来越多的顾客。这样形成的良性循环商业圈，不是故步自封，而是完全开放式发展的结果。

　　仁先生脑中的商业构想，不是"掠夺资源"式的一头独大，而是通过传播手作文化让更多人认识味噌从而形成新的商业资源。作为动画片《味噌之歌》创作者之一的五味酱油，并没有将自己的任何品牌元素加入进去，目的就是让其他的味噌酿造屋也可以自由地使用。

　　"手作味噌啊，不是变得有人气了之后就立马可以增产的。酿造所依靠的酿造桶里的菌，也不是那么容易就可以移植或者大量繁殖的。就像在人口减少的社会，无论什么行业都不会高速发展一样。所以，我们追求的并不是更多地售卖自己家的味噌，而是想其他和我们一样的小味噌作坊以及家庭可以愉快地制作味噌。我期待着有一天，随着手作味噌文化的传播，大家可以不再需要五味酱油家的味噌。"

　　仁先生极其朴素地讲述着这些，在我看来宛如味噌世界里的传教士一般。他唱着，跳着，愉快地酿造着充满幸福味道的味噌。正是这快乐的韵律，引来众多慕名而来的

▶醸造家プロフィール#2

山梨県甲府市
五味醤油 六代目 五味仁さん
（ごみひとし）

【つくっているもの】 **味噌**

- -

【蔵の特徴】 **木桶仕込みの甲州味噌**
山梨に伝わる手前みその味

- -

【扱う菌】 **麹菌・酵母・乳酸菌**
麹菌▶種麹屋から入手
酵母▶蔵に棲む酵母
乳酸菌▶蔵に棲む乳酸菌

- -

醸造家の感じる
【発酵の
バランス】 **醸造技術4：原料2：微生物4**
手づくりの工夫と蔵の微生物のハーモニー

- -

【オフの
時間は…】 **温泉でのんびり**
あとは麹の手入れをしたり…

- -

自分にとって
【味噌
とは…】 **朝の食卓の風景**

粉丝到五味酱油拜访。这样的成功已完全超越了单纯由兴趣构建的小团体，而成为振兴当地地方文化、健康饮食文化和宣传当地特色活动的一张名片。仁先生以这样感性、随性的思路建立的手作味噌兴趣班，对生活于现代的我们也是一种启发。

他以积极的心态直面自己的局限，产业发展不以扩大规模为目的，而是强调共情以实现文化的传播，是实现"发酵型赠予经济"的正确范本。这个小小的味噌屋，承载着扎根在乡土的地产经济的未来，以及作为文化传播团体的无限可能性。

酿造家人物简介 #2

山梨县甲府市

五味酱油 六代传人 五味仁先生

【酿造的东西】味噌

【窖的特征】用木桶酿造的甲州味噌

（山梨代代相传的手作味噌的味道）

【发酵用到的微生物】曲霉菌、酵母、乳酸菌

曲霉菌：从种菌屋购买

酵母：酿造屋中栖息的酵母

乳酸菌：酿造屋中栖息的乳酸菌

酿造家认为的【发酵中各部分要素的配比】

酿造技术：原料：微生物 =4：2：4

【空闲的时间】泡温泉或者制曲……

对于自己来说【味噌是……】餐桌上的早餐

给酱油界带来多样性的、坚守本心的手作精神

　　介绍完味噌，接下来让我们一起走进酱油的世界。

　　这里我们的主角是福冈县丝岛市的满酱油铺的城庆典先生。他是和我们一样的同龄人，却承载着酱油界的希望。

　　满酱油铺成立于大约90年前（虽然没有准确的记录），最初只是当地家族经营的小酱油铺，现如今城先生已经是第四代传人了。如果你在网上搜索一下城庆典的名字，会发现很多有关城先生的采访记录。至于为什么城先生如此受到媒体青睐，因为他可是复活了"满酱油"的传奇人物哦。

　　"欸，真有这么厉害的吗？请给我们这些门外汉们详细介绍一下吧。"

　　当然没问题啊。写这本书的目的不就是给大家介绍这些有关发酵的知识嘛。

　　城先生，将原本自己的祖父那辈就放弃的酱油酿造技术重新复兴，算是逆潮流而行的传统技艺复兴者，因此备受大家关注。

　　在日本约1300家酱油厂中，从零开始完完全全自主酿造酱油的酿造屋只有不到一成。虽然大型酱油酿造公司有全线生产的设备，但大多数的酱油制造来自像满酱油一样的中小企业。这样的中小企业大多是地域内多家酱油厂"联合生产"，通过共享生产设备合作完成最后的商品。也

就是说，联合生产的酱油厂会集资共同生产酱油，然后再分配到各个企业进行最后味道的调整，形成每一家特点不同的酱油商品。由于大家的集资生产可以实现资源共享，生产过程通常都是全自动化的，生产量也很大。

之所以有这样的联合生产模式，是源于1963年国家颁布的《中小企业近代化促进法》。这部法律的颁发是为了提高中小企业的生产力和生产技术，使其可以和大企业抗衡。酱油界的联合生产发展模式就是在这样的背景下应运而生的。在经济高速发展期的日本，这确实是一种可以保证品质优良、生产稳定的合理化发展模式。

但是，随着时间的推移，这种商业模式也逐渐暴露出了弊端。那就是众多的酱油小厂逐渐丧失了其独特性和优势。这样的发展模式，使得不论大厂还是小厂都引入大型量产设备，生产出的酱油也大同小异，自然引起激烈的价格竞争。这样一来，拥有更加完备的物流网络的大厂，自然会占有更多的市场份额，而联合生产的酱油小厂则表现疲软。

实际上，上一部分我们介绍的五味酱油，就是在这样的时代背景下放弃酱油的生产而转做味噌的。原本为了保护中小企业而形成的发展模式，竟也成了他们发展的枷锁。

而在这样的潮流中逆行而上的，就是立志要"重新开始从零做酱油"的城庆典先生。他在面对这样的发展困境时，用十分积极的态度印证了——既然联合生产的发展模式已经行不通了，那就只有靠自己努力寻求突破！

"明明祖父那辈还在认认真真地自己酿造酱油，但不知什么时候开始自家的酱油竟然需要先购买才能进行贩卖。既然我们是酱油铺，为什么不自己从头开始好好酿造酱油呢？这就是我最初的想法。"

这样向我们娓娓道来的城先生并没有自恃自己背负着一个行业复兴的使命。上一节介绍的五味仁先生也是如此。我不明白，为什么这些30岁左右的年轻一代酿造家可以如此的谦卑和务实（顺便一提，仁先生和城先生是毕业于同一所大学的师兄弟）。

从大学时代就开始去全国各地的酱油厂参观、学习酱油的传统酿造技艺的城先生，毕业回到故乡的满酱油后，马上就整理出祖父那代废弃的酿造酱油的道具、清理出酿造工厂，开始利用自己所学的知识尝试酿造酱油。因为只能利用工厂中闲置的场地进行酿造活动，酿造工具也多是从废弃道具改造而来的，所以这个小小的酱油酿造厂看起来没有丝毫效率，生产过程也看不到任何逻辑，看起来就像个不值一提的小作坊。但不知为何，它也能让你感受到不同寻常的氛围。当城先生回到酱油厂时，祖父已经过世，那时酱油厂里已经没有一个人会酱油酿造的技术了。城先生只有靠自己，靠自己学习到的知识尝试着从零开始酿造酱油。

是不是听起来很有趣，有了一些继续想听下去的兴趣呢？

"将消失的东西重新复苏"，这可是现代社会中最冒险的选择。因为要再现已经失传的技术和知识，需要强大的热情和长时间的坚持。但同时，当你真的可以复苏一项已经失传的技艺时，带给一个民族的震撼也是无与伦比的。

总之，城先生以自己的方式复活了从祖父那一辈失传的酱油制作的匠人精神。从曲的制作到酿造以及发货之前所有的工序，完全是利用"最极致的复古制法"实现了酱油的酿造。城先生花费两年酿造的"生成"酱油，是饱含个人特色的一款新商品，当这瓶"生成"酱油上市时，引起了酱油产业激烈的讨论。

以上的内容都是城先生在各媒体采访时的内容，接下来我从自己的角度，讲解一下我对城先生酿造的酱油的基本印象。

城先生酿造的酱油，刚入口我的第一印象是："好浓啊……但是口感清冽。而且，还有极其诱人的香气……"总之，是很特别又令人愉悦的味道。

与此同时，我又在想："或许，酱油也可以像品鉴苏格兰威士忌酒一样。"

但实际上，酱油在日本其实很难发挥不同的个性。味噌同样作为发酵类调味料，根据不同的酿造工厂、不同的地域，味道上会有完全不同的特征。比如超市里卖得便宜的味噌，和五味酱油家的味噌对比的话，即使是对味噌没有什么研究的人也能立马品尝出其中的区别。酱油就不同了，比起味噌，酱油的盐味更强，使用的量也很少，所以酱油的品鉴相对味噌就难得多。

而且，酱油的酿造原料以及成分的比例受业界的有机农业标准（JAS）限制。首先原料必须使用大豆和盐。至于各个成分的比例，按占市场份额最多的浓口酱油（颜色浓郁味道很咸的酱油）来说，盐分浓度为16%，含氮量大约为1.5%；如果是稍微淡一些的薄口酱油，盐分浓度大约在18%，含氮量大约为1.2%。JAS标准中，就是以这样的成分比例和颜色对酱油进行分类。味噌的酿造就没有这样的限制，只要原料是大豆和曲，其余的成分配比完全自由。酱油界有了这样业界标准的规定，一方面可以保证酱油品质的稳定，但另一方面，确实限制了地域和风味多样性的发展。

也就是说，不同酱油本身的味道就难以分辨，再加上业界规格的限制，很难会让人觉得是一个多么值得钻研琢磨的发酵食品。直到我品尝到城先生酿造的"生成"酱油。

这个"生成"酱油，说实话味道上和别的酱油没有太大的区别，但是它有独特的香味。如果不用心品尝可能一开始不容易发觉其中的奥妙，但如果你有意识地品尝，就会发现它比起别的普通浓口酱油有更"澄澈的香气"和"香氛一般的气味"，那是极其独特的且有品位的味道。

如果我们着眼于酱油的"香气"讨论酱油，它其实还挺多姿多彩的。葡萄酒中富含的多种独特的味道，是谁都可以品鉴出一两分的，在调味料中，味噌就相当于葡萄酒的角色。而苏格兰威士忌，虽然味道上没有太强的辨识度，但香气诱人又丰富，所以酱油，可以看作调味料中的苏格兰威士忌。

也就是说，手作酱油，其实是用舌头来享受的"香道"。之前我认为的酱油是没有个性的发酵食品，简直就是我本人先入为主的肤浅理解。酱油其实是可以将酿造家的美学观念发挥得淋漓尽致的集大成者啊！酱油界的前辈们，真的是多有得罪了！

接下来我们一起来看一下城先生的酱油酿造过程。如果你看到他酿造的细节，会发现很多不合常理的操作。

首先是曲的制作，酱油的曲，和味噌以及酿酒用的曲完全不同。

"酱油曲和别的发酵食品的曲不同，是制造出来后直接用于酱油发酵的，所以必须小心谨慎地制作。尤其发酵中的曲温度会急速上升，所以曲制作时的温度管理稍有不慎就会导致酱油的香气消失。"

　　城先生这样为我们介绍。看来，酱油的制作核心就是曲的制作。将炒好的小麦和蒸熟的大豆涂满富含蛋白酶的曲霉菌，随着曲霉菌的繁殖，蛋白酶分解小麦和大豆中的蛋白质而产生曲。以小麦和大豆为原料制作的曲，比起用于酿酒和味噌发酵、以米为原料制作的曲，更加容易放热，因此在曲发酵时需要万分注意温度的调节（如果温度过高，就会使纳豆菌之类喜爱高温环境的微生物快速繁殖而产生杂味）。

　　而且，酱油的酿造比起日本酒和味噌的酿造，需要更多的曲。味噌需要往曲中添加大豆，而日本酒需要往曲中添加米，虽然两者都可以适当地增加曲的比例，但也远比不上酱油。酱油的酿造中曲才是主角，酿造时需要将曲浸入盐水中，因此曲的比例是远远高于别的原料的。等大量的曲被投入盐水中后，发酵快速进行，那段时间酿造家就宛如照顾无论白天黑夜都在嘤嘤哭闹的小婴儿一样，十分辛苦。他们需要时不时就去查看发酵情况，及时控制发酵温度。

　　做好的曲放入盐水中开始发酵，最终会融化在液体中变成黏稠的酱醪。酱醪中有酵母菌、乳酸菌等多种微生物混合着发挥作用，造就了酱油独特的香气和风味。这里的酵母菌，是城先生从祖父那一代就使用的酿造桶中分离而来的，真正实现了满酱油的复刻。这真是令人佩服的热情！

另外，多种微生物同时进行的发酵阶段，其实是很难控制的。再加上城先生的酱油厂遵循手作酱油的原则，他们和五味酱油一样，利用传统的木桶进行酿造，而无法使用空调设备进行精准的温度和湿度管理。因此，酿造家们需要根据不同的天气，以及对桶内发酵状况的及时把握，在适当的时间通过搅动酱醪或清理木桶，来对发酵过程进行微小的调整。而这一切，靠的都是酿造家的直觉。他们需要亲力亲为及时查看桶内发酵情况，来判断"嗯，差不多该进行下一步了"，之后就立马付诸行动。

等到夏天过去，酿造结束后，酱醪的味道基本上就可以固定了。在此基础上，一到两年的熟成可以使酱油的香味更加浓郁。在此过程中，酱油中的盐味在发酵的作用下会变得柔和许多。这又叫作酱油酿造中"盐的适应性"，是指酱油在熟成过程中由于会产生大量有机酸和多酚类物质，它们裹在盐粒子上产生的盐味比实际的盐分浓度更淡更浅的现象。这就好比漫画《灌篮高手》中的情节，湘北和海南一战中，湘北队为了牵制海南队的主力牧，安排湘北队的四人专门围堵牧，使牧不得动弹。这其中被围追堵截的牧就是酱油中的盐分，而湘北队派出的四名选手就相当于发酵中产生的物质成分。

当熟成结束，将酱醪压榨过滤过后就得到了酱油。城先生所酿造的酱油，在我看来最有趣的环节就在于"压榨"

这一步。普通酱油工厂的压榨，都是利用压榨机对酱醅施加强压将其中的液体全部挤出。由于大豆中含有大量的油分和蛋白质，所以在利用压榨机压榨时通常使用脱脂大豆。如果压榨以普通大豆为原料的酱醅，需要高压压榨后再次进行油脂分离。而城先生，虽然酿造使用的是普通大豆，却没有使用高压压榨再进行油脂分离，而是用更加柔和的手法进行压榨。由于没有使用高压压榨，所以榨出的酱油没有那么油腻，在一定程度上保留了大豆中的风味，但与此同时也有更多的气体被保留在酱油中，降低了压榨的效率（但我个人尤其喜欢酱油中产生的泡沫，盖在米饭上做茶渍饭相当好吃）。这么看来，也许正是城先生所选择的柔和压榨法造就了满酱油家独特的风味和香气吧。但据城先生说，"这其实也不是我主动设计后的结果，而是单纯因为我们买不起高压压榨机，只能用这种方法。但没承想，这不得已的选择正巧构成了我们独特的个性。原本是想机械化生产的，但既然我们是手工坊，在没有引入大规模设备的余裕资金和场所的条件下，也可以尝试各种方法寻找替代方案"。

回到酱油酿造的流程，压榨完就到了最后一步——加热使发酵停止，装瓶，发售。

整个酿造工程耗时两年。这其中虽然耗费了酿造人大量的功夫，但在这两年间他们得到的回报却是零。从事酱油酿造的企业比起普通的制造业，产品变现的周期要长很多。如果可以选择更短的熟成时间，在更短的时间内发货，这对企业来说当然是更有效率的做法，但城先生并没有做出这样的选择。而是情愿冒着高风险也要酿造出可以得到认可的酱油。这样的高标准酿造过程的结果，可以体现在酱油的价格上。

就拿城先生自主研发的"生成"酱油来说，价格是相当高的。举例来说，如果是父辈联合生产模式下发售的浓口酱油，价格大概是1000毫升450日元。而城先生酿造的"生成"酱油，价格大约是720毫升2500日元，是联合生产酱油的7—8倍。

在我们设计界，城先生这样以价格定位自己的产品价值的方法是相当机智的。同样的商品，不同的价位会给消费者完全不同的商品印象。也就是说，"价格"其实是传达给消费者有关商品的重要信息。城先生自信地将"生成"酱油定为市场价7—8倍的高价格，要传达的信息已经不仅仅是"这款酱油的制造成本可是相当高的"这么简单，而是想让人们将这款酱油当作"新的标尺"，将它作为特殊的酱油使用。城先生是个多么有品位的人！他利用价格这个"含蓄"的信息，提高了消费者对于酱油的品位——从之前的"只是个酱油而已选哪个都一样"，到现在"毕竟是花了大价钱买的酱油一定要好好使用"。当然，价格中也包含了城先生的这个小心思。最后产生的结果便是，"生成"酱油可不是随随便便就能买来享用的（因为很贵嘛）。

但是，这里想补充的是，调味料其实对料理的品质影响颇大。如果用高级的调味料，即使用同样的食材和同样的菜单，做出来的味道将是天壤之别。所以，比起花费大价钱和功夫去料理教室学习，不如把手中的调味料都改为高级品来得事半功倍。尤其是酱油，如果你也是每天想当然地随便抓起一瓶酱油就往锅里倒的那类人，尝试一下使用高级酱油，会给你的餐桌带来一阵清风。"用一两滴酱油就可以改变菜品的味道！"这样的奇妙体验就是你买一瓶720毫升2500日元酱油的价值所在。

"当然，我们在最开始定价时确实也有过犹豫。尤其被从前就长期和我们满酱油合作的老客户和老主顾们质疑时，他们认为我们并没有慎重考虑。但是，做生意如果没有利益就不可持续。满酱油也是因为有顾客愿意购买，才能支持我们持续专注地做好酱油。"

从城先生的这番话，我们不仅能看到他作为一个制造者的聪慧，还能看到他独特的经营理念。大量生产的商品以较低的价格进行贩卖的经营模式，通过方便的购买途径无论如何也能将商品销售到各家各户。这样的商品通常没有个性，单件获利微薄，营销策略通常只着眼于消费者的底线。城先生大概是对这样的经营模式感到疲累了吧。因此他才宁愿冒险也要创造出"富含个性的商品"。这样一来，他既可以专心研究如何制造好的商品，销售上有可观的价格支持，也不用花太大的功夫营销。在这样的经营策略之下，只要和顾客之间建立起良好的信任关系，肯定是可以获利的。企业获利，不仅是家族和员工得以生活的基础，还是尝试新的酿造方法、进行创新的资本。城先生，带领满酱油从恶性循环转换到了良性循环的轨道。

"与父亲那一代不同，我并没有考虑扩大规模、提高产量那一套，反而更倾向于将满酱油做得更小而且充实一些。我只是想在保证产品优等质量的前提下进行合理规模的生产和销售活动。因此对我来说，利润可能比销售额更重要一些。"

在过去日本人口还在高速上升期的时代，当地的企业确实更多考虑"销售额"。即使利润不高，只要销售额够高，银行就会给你融资。因此，为了获得更高的销售额，很多企业都会选择投入更多在销售和宣传上。但如今，日本人口已呈下降趋势，在大背景改变的前提下，比起考虑如何扩大生产规模，考虑如何可持续发展才是形势所趋。如果将这个想法落实在商品上，那则是如何创造独特的商品、提高商品在市场上的存在感。也就是说，能够创造"独一无二的满酱油"的技术和产品理念，才是在当今社会可以产生利润的关键。只要有了利润，那些大型量产设备的引

▶醸造家プロフィール#3

福岡県糸島市
ミツル醤油 醸造家 城慶典さん_{じょうよしのり}

【つくっているもの】 醤油

【蔵の特徴】 原点回帰の醤油づくり
イチから仕込む本格的クラフト醤油

【扱う菌】 麹菌・酵母・乳酸菌
麹菌▶種麹屋から入手
酵母▶祖父の代の蔵から分離した酵母
乳酸菌▶蔵に棲む乳酸菌

醸造家の感じる
【発酵の
バランス】 醸造技術6:原料2:微生物2
鍛えたカンで醤油の発酵を導く!

【オフの
時間は…】 美味しいものを食べに
でも完全オフの日はほとんどないかも…

自分にとって
【醤油
とは…】 和食に欠かせない基本

入、市场占额有多大，其实都无所谓了。

城先生本人或许还没有意识到，他不仅仅是在制造酱油这么简单，他的理念已经开始影响当地酿造企业的经营思路，给这些乡村手工业带来新的发展可能。

只做优质的东西。对自己的商品要有信心。

实实在在做东西，实实在在获利。

实实在在的利润，促进事业发展，形成新的突破。

酿造家人物简介 #3

福冈县丝岛市

满酱油 酿造家 城庆典先生

【酿造的东西】酱油

【窖的特征】回归初心的酱油制作法

（从零开始酿造的真正的手作酱油）

【发酵用到的微生物】曲霉菌、酵母、乳酸菌

曲霉菌：从种菌屋购买

酵母：从祖父那辈分离出来的酵母

乳酸菌：酿造屋中栖息的乳酸菌

酿造家认为的【发酵中各部分要素的配比】

酿造技术：原料：微生物 =6：2：2

【空闲的时间】吃好吃的，但似乎没有什么空闲的时间……

对于自己来说【酱油是……】日本料理不可或缺的角色

斯卡音乐兴起时的新时代地产葡萄酒

为什么谈论发酵总是和音乐分不开呢?

首先,酿造家中喜欢音乐的很多;另外,来参加我手作味噌兴趣班的也有很多本身就是音乐家。发酵这回事,说白了就是调整到"刚刚好的感觉"。而这"刚刚好的感觉",或许就是听到好的音乐时的感受吧(我觉得这个课题或许可以写篇论文)。

在这一章中,最后为大家介绍的是一名葡萄酒酿造家。这位就是山梨县甲州市经营胜沼的若尾果树园的若尾亮先生,他既是葡萄酒的新时代酿造家,也是创作斯卡音乐的音乐家。

若尾果园是有300年以上历史的葡萄庄园,1958年(昭和33年)开始利用自家的葡萄进行葡萄酒的酿制。这里讲的若尾亮先生,已经是葡萄酒酿造的第三代传人了。说起他的经历,可是极富传奇色彩。若尾亮先生在30岁之前,在东京的一个斯卡乐队里担任长号演奏者。之后和现在的妻子相识结婚,并以此为契机回到甲州接任了妻子若尾家的事业,从零开始学习葡萄酒的酿造。如今,若尾亮先生已经在自己的努力下成长为一名受人尊敬的葡萄酒酿造家。与此同时,若尾亮先生还时不时举办 DJ 音乐节,作为一名音乐人也积极活跃在音乐的舞台上。实在是丰富多彩的人生啊！

　　从江户时代发展至今的若尾家，位于我们在第五章提到的日本国产葡萄酒的发祥地——胜沼的中心位置。山梨县80多家葡萄酒庄园中，有30多家都集中在胜沼这个人口仅有8000人的小城市。这个城市的支柱产业就是葡萄种植和葡萄酒酿造。每年夏末到初秋，这里便到处飘散着酿制葡萄酒的诱人香气。

　　这其中当然少不了 Château Mercian、Manns Wines、Chateraise 这样知名的大型葡萄酒酒庄，但更多的则是像若尾家一样家族经营的小型酒庄。若尾家，在其中也是规模最小的酒庄，每年生产量大概只有25000瓶（720毫升每瓶），这其中有一半出厂后便被当地喜爱红酒的老主顾订购一空，所以在普通的商店和酒吧很难看到若尾家葡萄酒的身影。

　　"小拓到底想说什么啊？"

　　总之，若尾家的葡萄酒，是比较典型的地产酒，只供当地人享用。

　　而在都市里的大超市可以见到的葡萄酒，仅仅是一部分生产量足够大的酒庄才能进军的市场。像若尾家这样的小型酒庄，基本都是供货当地的葡萄酒爱好者。然而也正是这样的小型酒庄，才有其他酒庄没有的独特风味（在第五章提到的旭洋酒庄也是这样）。

　　这样看来，如果想要品尝这样的地产酒，似乎必须到山梨县当地才能够品尝得到呢。但我认为即便如此，也是绝对值得一去的！在秋天新酒初酿之时，到山梨县一边观赏着葡萄田的红叶，一边品尝着喜爱的葡萄酒，这难道不是极具风情的一次旅行吗？想去的人可以联系我，如果时间允许一定同行！

　　话说回来，作为甲州小型葡萄酒厂代表的若尾家的葡萄酒，喝起来又怎么样呢？

　　我最初品尝若尾亮先生酿造的葡萄酒时，只觉得真是"天然去雕琢但又新颖别致"的味道啊！那感觉就像现代音乐中融合了十几年前蓝调和灵魂乐等形式进行重新编排，酒在口中，就好比在欣赏诺拉·琼斯[4]的唱片，嗯……就是那种感觉！它是朴素、复古而又有品位的葡萄酒，它的味道不仅仅停留在纯净，还在于绵长的舒适感后让你有为之激动的惊喜体验。

　　这样的品性，或许是来自若尾亮先生自身与"传统"之间微妙的距离吧。亮先生在继承甲州葡萄酒庄传统酿造技术的同时，也在细微之处加入了自己独特的品位。就如同诺拉·琼斯的音乐，她的音乐是以蓝调和灵魂音乐为基础，然后加入一些能够打动听者的流行元素进行乐曲的整

　　4　美国歌手。擅长以灵魂音乐、乡村音乐等为基础的纯净音乐创作。

合。至于亮先生，究竟又是如何在传统的基础上，在恰到好处的位置点缀那些流行元素呢？

"传统的甲州葡萄酒是利用熟透了的葡萄来进行压榨酿制的，所以其中含有少许果皮的涩味和成熟葡萄特有的甜美而柔和的口感。这样的甲州葡萄酒在某种程度上和如今主流的葡萄酒并不一致。因此我打算尝试挑战一下，逆潮流而行。"

具体来看，首先是亮先生不同寻常的葡萄收获时间。甲州葡萄比起欧洲的葡萄酒专用葡萄收获期要长（9—10月），在2个月时间里具体哪天收获会直接影响酿成葡萄酒的口感。最近收获葡萄的时间有越来越早的趋势（通常在9月上旬），因为早熟的甲州葡萄有柑橘的酸味和香气，喝起来比较清爽。但是，亮先生却偏偏要在10月下旬，等葡萄完全成熟时才选择采摘，这个时间的葡萄酸味和香气都受到了抑制，留下的是醇厚的果汁一般的口感。正是这果汁一般的口感，造就了若尾家朴素的葡萄酒风味。

其次是亮先生独特的压榨方法。现在葡萄酒的压榨多使用"自流压榨法"，这是一种不额外施压而利用葡萄的自重漏下果汁的自然压榨方法。这样制成的葡萄酒，口感清澈细腻。而亮先生总是不走寻常路，他选择了用强压压榨的方法。在强劲的压力下，葡萄果皮中的涩味也一同被压入果汁中，通过陈酿发酵，这种涩味非但不会成为杂味，还形成了若尾家葡萄酒醇厚而富有层次的味道。

　　若尾家最有人气的系列"甲州酿"，在此基础上还有更加复杂的工艺流程。比如，在果汁发酵前，会将没有压榨的葡萄连同果皮进行数日的发酵，这就是"甲州酿"中"酿"的由来（法国酿制葡萄酒时也有类似的方法）。通过"酿"这个工艺，可以产生类似于日本酒中的生酛酿造，或者酱油和味噌在木桶里发酵而产生的复杂而独特的味道。融合这个工艺酿造出的"甲州酿"，并不是普通白葡萄酒那样清爽的口感，而是充满醇厚的香味、涩味、酸味和葡萄的甜味，每一种味道都如同重低音一般跳跃在你的舌尖，击中你的心脏。这样的"甲州酿"是醇厚而有余韵的，正好搭配清爽的日本料理，是一款优秀的佐餐酒。

　　依据亮先生的品位，"点缀在细部的流行元素"便是"适当的醇厚感"和"与日本料理的配合度"。与普通的甲州葡萄酒相比，亮先生的葡萄酒更加干烈，口感更加厚重。这是由于酵母充分的发酵和亮先生对发酵过程精准的控制，葡萄酒才得以脱离"俗气"的口感，而升华成"精致"。

　　"我当然是知道现在葡萄酒的流行趋势的。但我就是想看看甲州葡萄酒的潜力到底有多大，同时也想让饮用国外葡萄酒的食客品尝到我们甲州葡萄酒，并让甲州葡萄酒得到世界的认可。对于我来说，甲州葡萄酒传统的酿造工艺某种程度上是'束缚'，但也是我进行创新赖以依存的

'根据'。"

亮先生这样的观念或许与他搞斯卡音乐的逻辑是一样的。斯卡音乐是以雷鬼音乐为起源的有独特旋律的牙买加根源音乐。它的旋律融合了牙买加拉斯特法里教的音乐以及从美国传入的爵士风格，形成了"传统和革新高度融合"的音乐形式。斯卡音乐从1960年以后，开始从牙买加走向世界，其间融合了灵魂乐、摇滚以及朋克等多种音乐要素。

"对传统保持尊重，适当融合流行元素。"

这就是斯卡音乐的音乐逻辑，也是亮先生在葡萄酒酿造中遵循的原则。他用流行元素，打破传统带来的束缚感，从而形成了极具感染力的文化形式。

看完亮先生的葡萄酒酿造风格，让我们再来看看这位酿造家兼音乐家的工作风格。从夏天到秋天，一旦进入葡萄酒的酿造期，亮先生每天都在若尾家葡萄酒庄。葡萄酒的酿造是十分重体力的劳动，但若尾家的酒庄却时常放着斯卡音乐，你能看到无论何时，亮先生都不厌其烦、开开心心地工作。

"对于我来说工作简直是太开心了。我每天醒来只要从葡萄田远眺一下胜沼的景色，就能以幸福的心情开始一天的工作。我的工作就是种好葡萄，用良好品质的葡萄酿制美味的葡萄酒，然后再将美酒介绍给来酒庄的客人们。看到客人们享受、开心地饮着我酿的酒，还有什么时刻比这更令人开心呢？这与我之前作曲、演奏，看着客人们开心享受音乐的心情是一样的，简单而快乐！"

　　如亮先生所说，酿造家的工作涉及葡萄的栽培、发酵工程的管理、熟成以及装瓶销售整个流程。虽然工作相当繁重，但当制造出良好的商品并得到消费者认可时，也是相当有成就感的。像若尾这样小规模的葡萄酒庄园，正因为规模小，工作的"整体性"才更加突出。大家虽然每个人分工明确，但通过不同部分的组装才形成一个具有统一概念的产品。正是工作中的"整体性"和最终产品的"统一概念"，才让生产线上每一个人的工作都变得有意义。这和创作一支新的音乐一样，都需要通过不同要素的整合和不断调整，才能最终融合成"美妙"的感觉。对于一支乐队来说，无论有多么优秀的演奏家参与，如果各自演奏各自的，也不可能诞生好的作品。乐队中的每个人首先需要有共同的音乐理念，然后通过各个不同个性的人的演奏碰撞出美妙的火花。

　　这里所举的乐队的例子，完全适用于胜沼这片土地上的葡萄酒酒庄。

　　"在胜沼这片土地上，所有酒庄之间的关系都很密切。我们会一起举办学习会，一起开品酒会探讨酿酒的技术等。这里的酒庄之间并不是竞争关系，而是相互尊重的伙伴。虽然我们若尾尊崇甲州传统酿造技艺，但也有的酒庄以欧洲葡萄酒的酿造技术为标准。大家无论是在细节上，还是在酿酒理念上，都有不同，因此才能以独特的姿态屹立在胜沼这片葡萄酒圣地上。"

我听着亮先生的介绍，脑子里不停地将胜沼、葡萄酒酿造与斯卡音乐联系起来。

斯卡音乐在黎明期由牙买加本土乐队 The Skatalites[5] 确立音乐风格，之后经过英国乐队 The Specials[6] 将斯卡与摇滚结合，还有美国乐队 Sublime[7] 将斯卡与流行结合。斯卡音乐在保留其根源音乐特色的同时，通过世界各地的音乐家的切磋融合，被推向流行的高潮。

甲州葡萄酒的发展或许和斯卡音乐是一样的。各处的酒庄继承了150年以来悠久的根源酒文化的同时，有些为它加入了一些外部世界的流行元素，也有一些深入根源酒文化的底层，尝试挖掘出一些不一样的元素。就像斯卡音乐一样，如今既有随着音乐慢慢摇摆的温柔风格，也有朋克音乐那样大喊大叫的狂热风格。文化正是因为有如此丰富的包容性，才确保了其可持续性。

5　1964年成立的斯卡乐队。他们将从美国输入的 R&B 音乐与当地的牙买加音乐结合，形成了独具一格的音乐风格。

6　英国的摇滚乐队，确立了 two-tone 朋克与斯卡融合的音乐风格。

7　20世纪90年代在美国有很多狂热粉丝的流行音乐乐队。

▶醸造家プロフィール#4

山梨県甲州市勝沼
マルサン葡萄酒 醸造家 若尾亮(わかおりょう)さん

【つくっているもの】 ワイン

- -

【蔵の特徴】 地元のブドウで仕込む
甲州ブドウをはじめ、地域で育つブドウを使用

- -

【扱う菌】 酵母・乳酸菌
酵母▶ワイン醸造用の種を購入
乳酸菌▶蔵に住む乳酸菌

- -

醸造家の感じる
【発酵の
バランス】 醸造技術2:原料7:微生物1
ブドウの質でほとんどが決まる!

- -

【オフの
時間は…】 ライブ出演やDJイベント
あとは子どもとのんびり遊んだり…

- -

自分にとって
【ワイン
とは…】 山梨の地酒

以亮先生为首的甲州葡萄酒的新时代酿造家们，都有着"共同守护甲州葡萄酒文化"的使命感。但是，这不仅仅是继承历史和守护传统，还要将自己的特色融入历史的血脉。这样的使命感，让各位酿造家都工作得无比充实和快乐。

酿造家人物简介 #4

山梨县甲州市胜沼

若尾果园葡萄酒 酿造家 若尾亮先生

【酿造的东西】葡萄酒

【窖的特征】做本地的葡萄酒酿制

（利用以甲州葡萄为代表的本地葡萄品种进行葡萄酒酿制）

【发酵用到的微生物】酵母、乳酸菌

酵母：购买酿造葡萄酒用的酵母

乳酸菌：酒窖中栖息的野生乳酸菌

酿造家认为的【发酵中各部分要素的配比】

酿造技术：原料：微生物 =2：7：1

【空闲的时间】做乐队，打碟；另外陪孩子玩耍

对于自己来说【葡萄酒是……】山梨县的地产酒

什么是手作精神

通过拜访分别活跃在日本酒、味噌、酱油和葡萄酒酿造四个领域的酿造家，我们大概可以发现他们的几个共同点。

首先是他们的"手作精神"。这次我们介绍的四位酿造家，虽然生产规模和酿造方法都各不相同，但都对"手作"有着强烈的信念感。从技术上来看，无论是酒也好，调味料也好，都是可以实现百分百全自动机械化生产的。实际上在超市我们看到的廉价的发酵食品、调味品，也大多都是没有通过酿造家的手用机器大规模生产出来的。

虽然用全自动流水线生产出来的发酵食品也能吃，但说实话对于我个人来说那不会让我觉得"好吃"。这并不是因为我就是非手作食品不吃，而是因为我对"好吃"有所追求而自然而然地选择了手作食品。

至于为什么手作食品会更加好吃，有以下几点理由。首先，通过人手来调整酿制的发酵食品，会有每个人的制作习惯和独特的性格在里边。正是这种你一眼看不到它有什么内容的商品，会让你充满好奇心地将手伸向货架。其次，你可以通过手作食品和酿造家进行直接的交流。酿造家可以通过发酵食品的制作或贩卖传递他的个性和审美。正是这样的交流，让手作食品拥有了独特的美，品尝手作食品也成了一种愉快的体验。最后，是发酵食品独有的要素——复杂性。发酵过程根据微生物的不同，代谢产物的不同，会形成不同的风味趋势和特点。若是控制发酵过程不当，微生物"暴走"后发酵食品便会腐败；但若是在中间及时调整、控制，也常常会产生比预想更加美味的结果。还记得新政的杜氏古关先生吗？他们的团队总是走在发酵危险的边缘，他们身上那种挑战极限的喜悦令我印象深刻。他们的工作是与安稳且确定的工作状态不一样的，你可以感受到他们工作时那兴奋愉悦的心情。如果在安定的生产线上工作，会磨灭工作人员的热情，最终也会流失掉追求创新和成就感的优秀年轻人，生产的产品缺乏创新，目标客户也会渐渐趋向高龄化，最终会随着时代发展消失……

手作的东西，比机器生产的商品富含更多的信息量、不确定性和不稳定性。对于手作精神来说，未知并不应该去除，而是要作为创作者和消费者之间交流的"暗号"，竭尽所能地充分发挥创造力。

凝结着人类创新精神的"手作"，并不是为了保护传统的"防守型"角色，而是在创造新价值的"进攻型"开拓者啊。

这些手作工作者，因为深爱着自己的工作，所以即使再辛苦也能快乐地创造自己工作的价值。而通过他们的双手制作的每一步，都包含了他们带给消费者的惊喜和愉悦。

酒与调味料，传统与革新

本章介绍的四位酿造家手作的发酵食品中，日本酒和葡萄酒属于奢侈品，味噌和酱油属于调味料。对比发酵食品中奢侈品和调味料这两类，可以发现产品设计上微妙的区别。对于作为奢侈品的酒类来说，"惊喜"和"新价值"是产品设计概念的重点。就像现代美术的创作理念，优秀的创作家们在创作过程中通常在基于流派的风格上，会有超越时代的创新或者可以带给观众感动的惊喜。奢侈品的产品设计是"持续创新"的。比如新政的古关先生，虽然继承的是生酛这种传统的酿造技艺，但他们追求的却是创作历史上从没有过的新日本酒。若尾酒庄的亮先生也同样，虽然选用的是历史悠久的甲州葡萄酿造，但酿造的却是极具现代风格的葡萄酒。

然而相对于奢侈品的酒来说，调味料就没有那么追求巨大的变化了。像味噌或是酱油这样的调味料，可以说是每天都会使用的"日用品"，也决定了每家每户每餐饭菜味道的"基准"。对于每天做饭的主妇或厨师来说，调味料这个基准点的变化会引起他们的混乱。因此像五味酱油的仁先生，即使他完全可以从零开发一款新味道的味噌，他却没有那么做。对于做调味料的创作人来说，维持一种不随时代变化的味道是重要的。满酱油的城先生也是如此，他没有选择顺应现在九州地区主流的甜口酱油，而是逆潮流而行，志在复刻祖父时代的传统浓口酱油。

"但是，如果是这样的话，有想法、有品位的年轻酿造家们不会觉得无聊而退出吗？"

这是个很好的问题。仁先生和城先生这样的酿造家并不是没有新的挑战。他们在坚守传统味道的同时，也在不停地寻找味噌、酱油新的食用可能。比如仁先生通过开展兴趣班让更多的人参与味噌的制作；而城先生则是通过和饭店合作，尝试开发新的菜单。如果说酒的设计是在进行产品自身的革新的话，那么调味料的设计就是利用传统的产品来引起周围环境的革新。这是两者之间不同的现代性表达。

发酵是个性的表达

新时代的酿造家都很会玩。

五味酱油的仁先生爱滑板，若尾葡萄酒的亮先生爱玩音乐，而满酱油的城先生喜欢绝世清酒。大家都是对好看、好吃的东西有品位的有趣的人。无论是酒还是调味料，都是为我们的餐食增香添彩的东西。以前的消费者可能想着只要能喝醉就好，只要能调个味就好，但现在的时代不同了，如今作为食物如果没有令人心动的美味，是没有人会选择的。

需要有审美的产品，当然需要有审美的人来制作。而这样的审美，正是在玩乐和兴趣中培养起来的。可以品味美味的人，才有可能创造出美味。

这次我们介绍的四位酿造家，在非酿造期或者工作的间隙都有自己感兴趣的事情。这段时间对于他们来说或许不仅仅是休息，也是创造更好产品所必需的美育时间。随着现代科技的发展，酿造技术也渐渐趋向标准化，但仅仅是拼命地埋头工作是无法产生新的想法、新的产品价值的。因此在工作的间隙，你也可以通过自己的兴趣培养自己的审美，这样才能在标准化的产品中创造新的价值，彰显自己独特的个性。

从这个角度看，新时代的酿造家们不仅是专精于技术的匠人，还是新价值的创造者。他们不满足于遵循现成的规则和市场需求，而是致力通过自己的价值观的表达创造新的标准。

他们尽情地玩耍、深入地思考、疯狂地工作，看起来真是快活极了。对于他们来说，所谓"工作"捕捉基于兴趣而来的灵感，所以获得灵感的玩乐才是重要的工作。这些勤奋的酿造家无论在玩耍还是工作，都时刻倾听着作为人类的消费者和作为发酵源头的微生物的声音，然后遵循着自己的直觉进行有关美的创造。从这个角度看，他们是新时代文化的掌舵者。

"在科学技术迅猛发展的今天，发酵文化会走向什么样的未来呢?"

我在参加活动时曾经被问到这个问题。我想，这个问题的答案就在本章四位酿造家的故事中。他们正在通过兴趣提高审美能力，创造新的价值和新的标准，他们也正在通过自己的双手感知发酵过程中的种种变化，迎接着挑战和复杂的变化。他们是完全信任原料本身和微生物的，对于其中的不确定性也总是张开着双臂，他们期待惊喜，随机应变，并在设计过程中时刻保持活跃的思考。他们在提高品质的同时，也重新定义着何为品质，他们重新相信自己的同时，也愿以同样的方式相信自己以外的人和物。

这就是酿造家们投身充满不确定性的微观世界的觉悟和从中获得的喜悦。

是的。发酵，就是每一位这样的酿造家个性的表达。

注释

本章的主题是"酿造家的工作方式"。

我也通过实地采访和了解酿造家的工作方式，重新思考了地方经济的发展模式和新时代的工作方式。

在本章开头，我引用的短篇童话《狼森与笊森、盗森》收录于宫泽贤治的短篇集《要求太多的餐馆》。我长大成人后重读宫泽贤治的作品，从那朴素的乡村故事中感受到其独特的自然观，很受感动。宫泽贤治，绝不仅仅是一个童话作家这么简单!

今村仁司是一位社会思想史学大家。在本章中，我几乎直接引用了他在著作《交易的人》(讲谈社)中有关"劳动是实现与神和自然交流对话的工具"的理论。这本书可以看作莫斯老爷爷《礼物》的现代版名著。值得一提的是，由今村先生翻译的著名社会学家瓦尔特·本雅明的《单向街》几乎改变了我的人生。

如果有读者对日本现存的酱油文化感兴趣，可以去读一下当代新锐作家高桥万太郎和黑岛庆子的《酱油本》(玄光社)一书。这本书的内容涵盖了酱油业界标准、酱油的种类、日本主要酱油酿造所的介绍以及有关酱油的小知识，是一本可以轻松阅读的有关酱油文化的科普小书。

如果你也对"工作，意味着什么"这个问题感兴趣，不妨看一下西村佳哲的《创造自己的工作》一书。这本书介绍了不同职业的人的工作方式，是一本十分贴合现实且会带给人思考的读物。

宫泽贤治:《要求太多的餐馆》(新潮社)

今村仁司:《交易的人》(讲谈社)

高桥万太郎、黑岛庆子:《酱油本》(玄光社)

西村佳哲:《创造自己的工作》(筑摩书房)

专栏 7

发酵未来发展的蓝图

　　回想我从事发酵文化相关工作的开始，不过是因为在参观配餐中心时被做饭的婆婆问了一句"一起做味噌吗"。没错，那时如果提起"发酵"，人们只会想到"馋嘴的老爷爷"或是"注重养生的老奶奶"，而我从事发酵相关工作的开始，就是源于这样一句年轻人完全不会感兴趣的邀请。

　　十年后的今天，2017年。

　　如今我的工作，从应时尚、生活杂志发酵特集的邀稿，到在城市里的艺术博览馆或者受邀到 IT 企业举办"味噌教室"活动和品酒会，我可以感到"发酵"已经超越了简单的食物或健康的领域，朝着文化层面发展了。

　　那么，发酵今后又会向何处发展呢？在此，我试着用示意图整理一下。

　　如下，发酵的未来发展方向示意图主要由四个关键词分为四个领域，在每个领域又有很多可能发展的类别。接下来就让我们通过对这个图的解说，一起思考一下发酵发

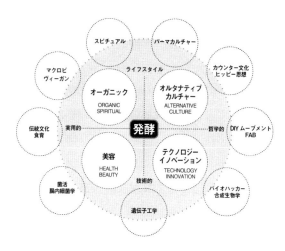

（外圈，顺时针，从正西方向开始）

传统文化与食育、素食主义、精神追求、朴门永续设计、反主流文化与嬉皮士潮流、DIY 活动与 FAB、生物黑客与合成生物学、基因工程、肠道细菌学

（内圈，顺时针，从西北方向开始）

有机追求、另类文化、科技创新、美容

（横轴从左到右）实用性————哲学性

（纵轴从上到下）生活方式————技术

展的现在与未来。

有机

2011 年以后，"有机"这个词开始出现于饮食界，最初是由一些对自然环境以及自己身边生活环境有所思考的环保主义者提出。随着"有机"这个概念的流行，发酵也从

喜欢日本酒、和食的老年人走向了年轻人的生活。在我的发酵活动中，也有越来越多年轻的妈妈，以及地方上做农业相关工作的年轻人光顾。

如今有很多长寿饮食[1]的倡导者、素食主义者、传统文化的倡导者以及有精神追求的年轻人，我在这里统一称他们为有"有机志向"的人。这样的年轻人崇尚自然，对传统文化和精神世界有所思考，因此，我认为这些"追求有机"的人或许可以为如今的发酵文化带来新的思想，带领发酵走向一个崭新的未来。

美容

比"有机"概念兴起稍晚一些，发酵和美容也形成了流行的话题——通过食用发酵食品，可以让皮肤更加健康，永葆青春！

这个话题的开始其实是以自然科学的研究为基础的。近些年来，自然科学通过对人体肠道内以及皮肤上寄生的微生物群的科学解析，证实了与我们共生的微生物对我们的身体健康起到了至关重要的调节作用。因此，在众多相关保健品和美容产品盛极之时，发酵食品也赶上了这场流行。

1　来自日文"長い""生命""術"。指以日本传统料理为基础、主要摄取蔬菜和谷物的健康饮食方法。——译者

同"有机志向"的人不同，对这个话题感兴趣的人追求外表的美丽和神采奕奕。在我举办的发酵活动上，每次都能看到一两个这样的"发酵美女"。

生活方式

正如前文所述，本书是在杂志 *Sotokoto* 的《发酵世界的冒险》特集以及人气杂志 *Spectator* 的《发酵的秘密》一文的邀稿下产生的。在那之后，我切身感受到发酵确实已经作为一种文化或生活方式得到了关注。发酵已经不再仅仅作为地方文化的一部分，而是在大家的关注下渐渐变成了一种永续文化——它其中包含的哲学似乎受到了崇尚以农业为中心的生活主义者和反对政治化生活方式的人群的推崇。

因此，对于这一部分发酵的未来，其内容已经完全超越了生物学的范畴，而形成了人类文化学中重要的一部分，可以作为生活中的哲学方法论来应用。本书《发酵文化人类学》，也是从这个角度出发而创作的。

技术创新

有关技术创新的应用是发酵最新的发展方向。从2015年开始，我常常收到 IT 行业或创意产业创意总监的联系。当我问到他们为什么会对发酵感兴趣时，他们告诉我"IT

时代之后是生物科技的时代"。我想这样的趋势是源于近些年来在欧美盛行的"无政府管制生物科技"[2]。

随着转基因技术的发展，利用微生物培养可以生产大量有用的化学物质，包括化石燃料等。这样一来，利用微生物的生物科技便有望解决20世纪的能源危机。

同时，这个话题也催生了新的一波"生物科技宅男"。

在DNA解析和细胞培养技术成本迅速降低的背景下，生物学给人们一种即使不在实验室也可以利用DNA编码等了解生命奥秘的错觉。因此也催生了一波所谓的"生物黑客"[3]……或许正是在这样的背景下，发酵也随着生物科技的普及而走在了时代的前沿，估计在今后的数年内也会是流行的话题吧。顺便一提，有关这个话题或许将来还可以和FAB（指特性、作用、好处）、MAKER（指自己设计实验器具）等热词联系起来。

像这样尝试制作了一下"发酵的未来发展方向示意图"后，我真没想到发酵竟然可以与这样多的领域产生联系。这是我在开始学习发酵学时万万没有想到的。

2　最初在欧洲各国针对转基因食品的进出口问题中被提出。本书作者在此应指"对转基因技术相对宽松"的国家政策。——译者

3　生物黑客又称"生物崩客"、自己动手的生物学家、"车库生物学家"等。他们的目标是把生物技术带出实验室，打破常规实验室的限制，在不同环境下创新发展生物技术。——译者

至于我现在于如此宏大的发酵世界中扮演的角色——发酵设计师，具体说来又属于哪个领域呢？

我呢，起步于正统的发酵酿造学，现在通过与从事生物科技先端研究的学者以及文化学者的沟通交流，目标是未来可以让更多的人了解发酵、利用发酵、享受发酵。

第七章 | **复苏的八岐大蛇**

——发酵的未来，就是人类的未来

生命的未来将会走向何方？

本章概要

我们这一章通过讲解比较最尖端的生物科技和传统的发酵技术，来思考我们今后应该如何对待生命。人类，是否可以重新拿起"八岐大蛇之剑"呢？

本章主要讨论
▷ "冷"社会与"热"社会
▷ crispr-cas9基因编辑技术
▷ 人类，究竟可以破解多少生命的秘密

回归原点与创新之间

到现在，我们在人类肉眼看不见的微生物世界的旅程就即将结束了。在旅程的最后，让我们再一起展望一下"发酵体人类"的未来。正如我们在专栏7所讲，如今"发酵"已经发展延伸至很多领域，这并不是一时兴起的热词，而是"发酵"一词确确实实在本质上与我们人类自身的未来相关。

为什么我们人类如此热衷于发酵？从肉眼不可见的发酵过程中，又能发现人类的什么秘密呢？

要回答以上的问题，我们首先需要回忆一下之前提到的本书中最重要的概念——人对于自然的两面性，即人类一面保持着对伟大自然的崇敬，一面又想着从大自然中尽可能掠夺足够的资源。所以当人类在面对自然时，心情是充满矛盾的。就像日本人在神灵面前许愿时，一边手捧用稻米酿成的美酒跟神灵祈求来年风调雨顺，一边又在心中为今年的丰收暗喜。我们总是对自然充满着畏惧，同时又想要征服它。丰收与饥饿，祈祷和掠夺，或许只是硬币的两面。

当然，这样的两面性同样存在于微生物这个肉眼看不见的自然和人类之间。

如我们在专栏7中所提到的，"发酵"一词包含着在各领域中不同的含义。比如，"有机"这个领域象征着"人类与自然本来的模样"，它的另一端是"生物科技的最前沿"领域，而"发酵"一词处在这两个领域的原点，它融合了"应该坚守的传统"与"新的技术革新"两个相反的理念。

对于同样的发酵过程，"自然派"的产品大致会用"匠人酿制""天然无添加有机原料"等语言来宣传；而"科学派"则会主打他们利用了最尖端的细胞工程学技术，他们可能会用"我们利用微生物的代谢活动开发了新的素材！"之类的语言吸引顾客的眼球。

以上，无论是从江户时代延续至今的日本酒酿造，还是当今社会利用微生物生产新能源使小汽车奔驰在路上，本质上利用的都是"微生物的生命活动"。要说两者之间的区别，只不过是人类站在了不同的两极看向"发酵"这个原点而产生的不同表象罢了。

"冷"社会和"热"社会

在这一部分我们又要引入法国文化人类学家克劳德·列维 – 斯特劳斯的又一个重要的概念——"冷"社会和"热"社会。由列维 – 斯特劳斯创立的这两个概念的影响力几乎可以和"手作"的概念比肩，它对现代社会中"发酵"概念的发展起到了重要作用。

所谓"热"社会，简单来说是指直线型发展的社会模式。这也是一种"今天一定比昨天好，明天一定比今天好"这样符合历史规律的社会观。在这样的社会模式下，人们会朝着批判今天并时刻思考如何改革和变化的方向发展。我们现在所生活的"现代文明"社会，就是一个很好的范例。也就是说，"热"社会的特征是时刻寻求变化。

相对地，"冷"社会是循环型运作的社会模式。就像我们前文提到的"库拉圈"社会，他们追求的是永续的发展，一旦发生由金钱和权力引起的纷争，他们会通过"散财宴"这样的制度来消除。这样的社会模式也就是文化人类学家们所定义的"未开化文明"。"冷"社会的特点就是，不轻易发生变化。

列维－斯特劳斯之所以伟大，是因为他靠着一双慧眼看到了被近代文明社会看低的"冷"社会的优势，他认为"冷"社会并不是只停留在过去的"未开化文明"，而是"所有文明的基本的运作模式"。他认为我们现在不过是在

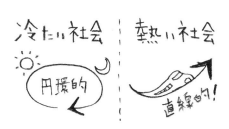

"冷"社会：环状的
"热"社会：线性的

"冷"社会的发展中，渐渐走向了太"热"的社会模式……但是，无论一个社会文明多么努力地追求变化，它的底层情感需求和习惯总是寻求稳定且可持续的"冷"社会逻辑。列维–斯特劳斯提出这个问题时已经是50多年之前了，但我认为这个概念仍然可以应用到我们当前所面对的"现代文明的困境"。这就是文化人类学的大家啊，思想确实具有超越时代的前瞻性！

随着现代社会物流和人工智能的快速发展，如今所谓的国家的地理界限已经被打破。我们生活在地球村里，但时常对高度发展的科学技术带来的变化感到不安，从而提出"可持续发展""多样性发展"等主张。如果说我们现代人已经成为适应"热"社会模式的彻头彻尾的新人类的话，我们又为什么会提出、喊出"保护传统""可持续发展"等口号呢？在发展至上的社会模式里，可持续与不可持续发展并不会构成社会发展的命题。但是我们却会在"民族精神"中寻找到自己存在的意义，会因为不知从哪里来的"自然和人类共生"的理念去阻止过度修建道路和填海工程……这一切看起来都好像我们被现在所处的环境欺骗了，我们其实在追求回到真正的"家园"。"回到'冷'社会"，这样的欲求绝不仅仅存在于少数人心中。

"回到'冷'社会"，这绝不仅仅是一个浪漫的幻想，它对于我们人类是有实实在在的生存好处的。首先，"冷"

社会形成的前提是在一个封闭的环境中，人们只能在有限的场所中利用有限的资源。在这样的环境中，急速的发展和变化会引起大的纷争和资源的枯竭，所以会有盛大的祭祀活动或"散财宴"来防止财富过于集中，并通过赠予活动防止纷争，这一切还有利于维持相对合理的人口数。文化人类学学者主张从"历史的起源"寻找社会的根本规范，从而抑制过快的发展。这样才能构成良好健康的社会团体。

如今发展中国家竭尽全力探索所有的可能性，尝试去构建更加繁荣的社会。但其实他们所处的环境与特罗布里恩群岛无异，同样是一个"已经封闭的环境"。对于他们来说，世界急速的发展已经使资源消失殆尽的外部世界渐渐被抹去，发展中国家还如何向外部索取？还如何向外部探索新的可能性？他们发出这样的疑问——我们究竟还能如何发展？

话说回来，处在封闭环境中的发展中国家的未来也并不是只有回到"冷"社会模式这一条路，他们现在正在寻求的，是利用"技术革新"突破资源的限制。比如，石油没有了就发展太阳能和风力发电，人口增加了可以提高农业技术帮助人民获得足够的粮食，如果再遇到土壤污染、水源枯竭的问题，开发应对此类的新技术便好。而如果世界人口达到了地球负荷的上限，移住到火星上不就行了。按照这个逻辑，只要持续发展技术，我们就能持续向"外部"索取和开拓。这其中当然有可以带来改变的事实，但也有一部分是出自人类的傲慢。

我自身也经常在"冷"社会理念和"热"社会理念中间摇摆。相信正在读本书的你，也有同样的感受。主张"有机"生活的人们，可能更加偏向"冷"社会的发展模式，而主张"创新"生活的人们，思维上则是偏向"热"社会模式更多一些。但是，我想在现代社会中是很难二选一的，我们都是在两极中，试图寻找到自己的平衡。

反过来说，在要"进化"还是要"循环"两种世界观中摇摆，正是这样的犹豫和思索才印证了我们之所以为人吧。

是手作还是工业设计？

我们就以上的话题再深入讨论下去。

日本传统神话中，素盏鸣尊将八岐大蛇灌醉后杀死的那一瞬间，有如神助一般发挥了巨大的可以"征服自然的力量"，那可怕的破坏力甚至让他自己颤抖。而那把从死去的八岐大蛇尾部诞生的宝剑[1]，则象征了征服自然之后获得的可以改变人类社会的无穷力量。

在传统的发酵技术中，酿造家们通过仔细观察微生物

1　指"天丛云剑"，如今是象征天皇力量的三大神器之一。

引起的自然现象，谨慎调整环境以尽量诱导发酵过程向有利于人类的方向发展。酿造家们虽然顺应着自然的天意，但还是将结果转向改变人类生活的方向。酿造家们常说："我们并没有想着自己可以创造什么，只是在自然发挥其本身的力量时帮了一些小忙。"

很多酿造家都有这样的感受。其实不必通过专业的酿造，如果大家动手尝试一下制作味噌，亲眼见证微生物是如何将大豆变为味噌的，心中定会油然而生起对自然的敬畏之情。在这样的过程中，你可以感受到人类不过是"宏大的自然中很渺小的一部分"，而发酵食品，则是来自"宏大自然的馈赠"，那么发酵过程，可以说是自然对人类赠予的过程。

这样的世界观是多么美好和平啊！但我们人类看起来又不满足于在这样舒适和平的环境中止步不前。

手作的逻辑是，根据自然的特性制作产品。而现代工业设计的逻辑是，通过产品改变自然的特性。也就是说，现代工业设计是顺应人类的意愿，而将结果转向了改变自然的方面，与手作的逻辑是完全背道而驰的。

没错，工业设计的基本逻辑就是按照人类的意愿控制自然生命活动。如果目前的生命体不可以实现目标，那就尝试改变生命体。如今我们做的就是在剖析生命的奥秘的基础上，为它设计新的机能，让它可以为我们创造利益。

这么一来我们的社会就能进一步发展，我们的生活不就更加繁荣昌盛了吗？实际上，现如今我们高度发达的科学技术，早已经成为新时代的"八岐大蛇之剑"，开始改变我们的社会和生活。

crispr-cas9 基因编辑技术

化脓性链球菌，又叫"食人菌"，是一种非常可怕的致病性微生物。这种细菌之所以有这样可怕的威力，是因为它可以释放犹如刀片一样的催化成分，破坏或切断被感染的生命体的正常生命代谢活动。因为它的高致病性甚至可以使部分器官化脓坏死，所以人们给它起了"食人菌"的恶名。

这样可怕的化脓性链球菌，通常大家都是敬而远之的。但是没想到，最近生物学家竟利用这种微生物所释放的强力催化剂，创造了改变生物学历史的 crispr-cas9 基因编辑技术。这难道是微观世界里的八岐大蛇，要从尾部生出天丛云剑了吗？

所谓的 crispr-cas9 基因编辑技术，简单来说就是可以对 DNA 进行复制粘贴的操作工具。利用 crispr-cas9 基因编辑技术，可以实现将特定的基因切断，并移植至别的生物载体上。因此，这项技术发明可以编辑生命遗传信息，实现新功能的附加，或者有害信息的去除。

"啥，这是怎么一回事？小拓，请你用简单点的方式解释啊。"

好的。请大家准备好，现在让我们一起深入现代生物学最尖端的部分哦。

要想理解 crispr-cas9基因编辑技术，我们需要解释 "DNA 是何物""基因又是何物"。我们在日常生活中经常听到 "日本人的 DNA……""我们公司的基因是……"之类花哨的表达，但首先让我们从 "DNA""基因"这些生物学

DNAに関するボキャブラリー整理

DNA：生命情報を記述する構造体
RNA：DNAの転写物。アミノ酸をつくる
ゲノム：ある生物の全遺伝情報
遺伝子：ゲノム中の特定の機能をもった部分

有关 DNA 的专业名词
DNA：记录生命信息的载体
RNA：DNA 的转录体，控制合成氨基酸
基因组：某种生物的全部遗传信息
基因：基因组中含有特定功能的片段

名词的概念说起。DNA，是记录生物体遗传信息的载体；而基因，是 DNA 中有特定功能片段的部分。拿书中的文字来做比较，DNA 就相当于书中传递信息的媒介——文字；而基因可以理解为——词语、段落。比如，"苹果"这个词是由"苹"和"果"两个没有什么特定指向的文字组成的，当它们合在一起，才有了特定的"又红又甜的一种水果"的含义。基因，就是一个个像"苹果"这样的词组。每一个生命体都是由众多这样的基因片段组成的，所有的基因片段的总和叫作"基因组"。基因组是特定生物体所有遗传信息的总和。

另外，DNA 中的密码也起着至关重要的作用。在英文中，通过常用的二十几个字母的不同组合就可以写文章传递信息了。但 DNA 的密码中仅仅通过四个字母（A、G、C、T）就可以实现生物体所有遗传信息（基因组）的传递。

也就是说，DNA 通过这四个字母的编码，就能够实现对所有生命活动的编程。这样的机制不论是在微生物、植物还是人类之间，都是共通的[2]。

接下来我们具体来看一下 DNA 是如何指导生命活动的。

DNA 同第四章提到的 ATP 一样，是"以化学物质为载

2　需要补充说明的是，病毒是通过 RNA 的控制进行生命活动的。但目前病毒是否被归入生物大类仍存在争议，所以在此不予讨论。

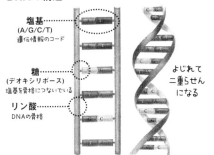

DNAの構造

塩基······
(A/G/C/T)
遺伝情報のコード

糖······
(デオキシリボース)
塩基を骨格につないでいる

リン酸······
DNAの骨格

よじれて
二重らせん
になる

（左）DNA 的构造

碱基 A／G／C／T：
遗传信息密码

糖基（脱氧核糖）：
连接碱基与骨架结构

磷酸：DNA 的骨架

（右）双螺旋结构

体的信息"。首先我们来拆解一下 DNA 这个化学物质，会发现它是由一个磷酸分子（在第四章中介绍过）、一个糖环和碱基构成的。磷酸分子伸出长长的化学键，通过糖环与碱基相连，形成一个一个的梯子形结构，这个梯子形结构扭转过后就形成了著名的"双螺旋结构"。双螺旋结构是一种特别精妙的设计，如果你自己尝试过搭建分子模型，就会理解其中各部分凹凸的构造和角度配合是多么的绝妙。最初发现这个构造的科学家，想必一定叹为观止吧！

存在于双螺旋结构内侧的碱基物质，就是 DNA 承载生命信息的密码。它靠着四个字母 AGCCCTGGTCCATAGCCTTA……这样的数十万、数百万的排列组合，设计着生命的不同形态和功能。虽然不同的生物有不同的序列——乳酸菌有乳酸菌的生命序列，人类有人类的生命序列，但无论什么生物，序列的排列都有相同的规则。也正是因为如此，乳酸菌和人类之间才能实现能量的交换（请回想一下第四章的内容）。

DNA，是多么简洁而又合理的一份"生命设计图"啊。

生命，是如何被设计的?

我们继续。

上文我们提到 DNA 是"生命设计图"，那么这张设计图又是如何指导产生具体的生命功能的呢？接下来我就为大家介绍这充满秩序的生命设计过程。

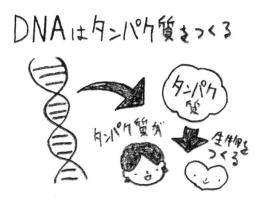

DNA 可以合成蛋白质
蛋白质构成生物

笼统来说，DNA最终会合成蛋白质。蛋白质是所有生物细胞形成和细胞内化学反应的基础（酶）。拿最简单的"单细胞生物"（比如乳酸菌等）来说，细胞DNA通过一系列生命过程产生作为蛋白质的酶，然后酶帮助单细胞生物消化食物、排泄废物。再复杂一些的"多细胞生物"（比如人类等），需要在多个细胞结合形成有特殊功能的器官的基础上进行消化、排泄等生命活动。单细胞生物和多细胞生物之所以有这样的不同，是因为DNA序列的长短不同。像大肠杆菌这样的单细胞生物，仅仅约有460万个序列编码，而人类，有30亿个序列编码[3]。

为什么需要这么长的基因序列编码呢？

我们提高一下解析度来看一下这些序列编码中的奥秘。首先，书与DNA，同样作为信息的载体，最大的不同在于"无用信息的多少"。通常来说，一本书写成之后，其中每一个文字信息都是有它的意义和信息的（虽然这本书有很多无用的信息），但DNA中，却有很多编码信息是没有任何意义的。就像"啊……但是啊……我真的，真的是啊……肚子，好像……有点饿了呀"这样满嘴废话的高中生，又或者"欸——那个……总之，在日本，所谓的教育

3　实际上比人类有更长序列编码的生物还有很多（尤其在植物界）。并不是基因序列越长，生物进化程度越高。

问题啊……是存在的"这样半天不知所云的校长讲话一样，DNA 承载的信息，就如同这样的文字表达，充满了没有意义的符号密码（而且进化程度越高的生物这样的无用编码信息越多）。

所以，DNA 这张设计图要想顺利地发挥作用，第一步便是去除这些"无用信息"。而这个过程，是靠"RNA"这个系统实现的。RNA 又是什么呢？简单来说，RNA 就是"只提取全部基因序列里有用的片段，对可以产生生命功能的部分进行转录"。

这部分或许有点难懂。那就让我用自己原先在化妆品公司工作的经历举个例子帮助大家理解。

那家公司的社长是一个思维活跃，经常有奇思妙想的人，这就导致开全体大会时社长巴拉巴拉说了一通之后下边的员工满脸问号，不知所云。这时候，我们的副社长就会重新用简洁和系统的语言为大家再翻译一遍，大家才恍然大悟。这里思维跳跃的社长就相当于 DNA，而 RNA 的角色，就相当于为社长翻译的副社长。

通过 RNA 的翻译，信息才能指导生成生命所需的物质。在生命体中，RNA 的信息可以指导合成"氨基酸"。氨基酸总共有20种，由不同的编码指导合成。由 RNA 合成的氨基酸首尾相接，形成锁链式结构，锁链通过卷曲、折叠，形成复杂的立体结构。这个由锁链形成的立体式结构物质，就是所谓的"蛋白质"。生命体的大部分细胞由蛋白质构成，另外一小部分的蛋白质作为化学反应的酶参与控制代谢过程。

回到之前的例子，社长滔滔不绝地输出大量的信息，通过副社长的翻译形成员工的行动方针，从而生产出商品的各个部分，最后通过各部分的整合变成最终的商品。这就是公司运作的方式。DNA 也是以类似的方式，实现生命功能。

通过以上的解释，我们可以理解 DNA 的功能就是通过一部分信息的转录和翻译，指导合成蛋白质。而蛋白质又承担着构成生命体和催化酶的作用。乳酸菌含有可以分解乳酸的酶，而可以指导生成这样特定功能的遗传信息序

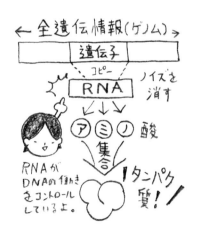

全部遗传信息（基因组）

基因（复制）

RNA（删除无用信息）

氨基酸（集合）生成蛋白质

RNA 可以控制 DNA 的有效表达哦

列就称为"基因"。所以，酵母菌含有可以生产酒精的基因，长颈鹿含有可以长出长长脖子的基因，人类也有可以代谢酒精或无法代谢酒精的基因。基因就提取自生物体所有遗传信息中有效的"程序编码"，相当于设计网页时的HTML，或者构建系统时的Java脚本。基因最终就是通过大篇幅的程序编码的组合，形成类似可以实现特定功能的生命系统。

在某种程度上说，生命系统，就是通过基因实现编程设计的"情报工学"。

基因编辑，实现生命的设计

通过上文的解释，到这里大家应该已经掌握了crispr-cas9技术的基本原理了。

我们已经介绍过，crispr-cas9是一种可以对生物遗传信息进行编辑的技术。结合上述原理，crispr-cas9是一种以所有的遗传信息（基因组）为对象，对其中含有特定功能的基因进行切除，并移植到别的地方去的技术。拥有"记忆特定序列片段，并将记忆的片段切除下来"能力的化脓性链球菌，实现了基因的可复制粘贴。从此生命也可以变得像计算机科学一般，可以通过对基因的编辑实现某种生命功能的安装或删除。

　　这个技术的出现，使得某种失去活性的基因可以重新复活，同时，也可以删除某些功能不全的基因。而且更厉害的是，这种技术不仅限于某种生命体，而是可以在多种生命体之间实现基因的转换。

　　也就是说，如下图所示的基因编辑操作，原理上是可以创造产生酒精的任何微生物或者不产生丝状物质的纳豆菌的（实际上在很多地方也已经在进行着这样的实验了）。利用 crispr-cas9 "设计生命"的生命科学技术不仅改变了生物本身，其带来的革新已经延伸到能源和工业等各个领域。

　　在20世纪，人类还沉迷于石油、煤等矿物资源的开采。但自那以后，大量的资源被开采和破坏，很快就接近了枯竭。因此，进入21世纪后人类寻找到了这种可以利用无限繁殖的微生物来生产可代替能源的技术。这就是生物产业

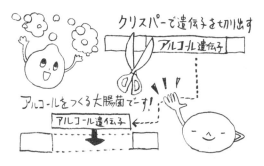

通过 crispr-cas9 技术将基因切下来，用控制产生酒精的基因制成可以产生酒精的大肠杆菌！

"光明的未来"！

"热"社会总是为了加速发展想方设法向"外部"获得资源。

促使我们不断向外索取的，不正是我们作为高级生命体永不满足的欲望吗？我们曾在1960年代对开拓宇宙如此狂热，如今为了人类文明的进步，我们以同样的狂热破解生命的奥秘，努力实现资源配置的最大化。在这样的趋势下，或许在不远的未来，我们就可以实现利用土里的昆虫发电给汽车提供能源，通过个性化设计肠道内群落实现永不得癌症、人人可活到100岁的梦想。在宇宙空间，我们还可以通过基因编辑不死的光合作用细菌使其产生氧气，投放于火星以创造人类可以生存的环境……

我想有些国家或许已经在做相关的实验研究了。人类就是如此，试图通过技术将以微生物为首的所有生物设计成我们"忠实的仆人"，为我们的人类社会的发展做贡献。因此我们竭尽所能尝试破解更多生命的秘密，好为我们探索"外部的世界"打开更多扇门。

我们所生活的生态圈，说到底也只是由原子组合而成的物质世界，不同的组合形成大气、海洋、土壤、岩石和矿物，进而演化出在这个环境中可以生存的生物。生物体中的基因，通过编码程序控制蛋白质合成进而影响不同原子间的组合，形成不同的物质结构。比如，地球环境中之所以存在大量的氧气，最早是由于蓝藻[4]这种微生物进化出了可以进行光合作用的基因；而农民之所以可以种植蔬菜，是由于土壤中存在的一种叫根瘤菌[5]的微生物有可以将大气中的氮原子吸收到土壤中的基因（固氮酶基因），根瘤菌的固氮功能为土壤提供了营养源。

如果自然环境就以它们本来的物质状态存在，是不会形成生态圈的。生态圈的形成正是由于这些拥有各种功能基因的生物存在，进而实现了生命的多样性和物质的循环。理解了这个原理的人类，因此开始不停地尝试通过基因密码破解生物界的秘密，然后利用像 crispr-cas9 之类的基因编辑技术，来改造生物使它们可以帮助人类生产各种想要的物质。因为生物有自我增殖的特点，所以基因工程设计的"生物机器"也正在渐渐实现工厂化自动生产。

随着这样的生物科技在全球各地蓬勃发展，人类和自然的关系也正在发生着变化。过去人类对生命的敬畏，正在变成生产过程中的风险。赐予我们恩惠的同时也会带来灾难的自然母亲，正在变成我们生产物质的工厂。人类不再将自然看作神的存在，这一刻，智人正在消失，而"新

4　一种可以通过光合作用产生氧气的细菌。它们通常生长于湿地、水池等的边缘，呈绿色黏腻的膜形态。

5　是一种可以将空气中的氮元素转换成可供植物利用的氨的细菌。

人类"将诞生。

我们在面对转基因作物，甚至转基因婴儿[6]时的不安，其实是我们对"人类就要变成神"这样的未来的恐惧（一部分的生物科技宅男对设计生命的狂热，可能正是来源于对"人类可以变成神"的向往）。但是，只要我们还有那么一刻在相信"神"这个假想的存在，不论我们手中掌握着多么先进的技术，我们都和特罗布里恩群岛的部落民族没有区别，只要我们对自然还有敬畏和恐惧，我们就和臣服于神脚下进行各种仪式的远古人类没有区别。

可以自由操控生命的所谓"新人类"，与其说是超越了神的存在，不如说是"杀死"了旧人类脑中神的概念——就像人类脑中对神的敬畏的基因被发现并被删除。人类从此可以在没有神的信仰下自由生活。在那个瞬间，人类大概才从"大家一起织起的是世界和平之网"之中脱离，才真正从列维－斯特劳斯和莫斯老爷爷的"文化人类学的世界"中走出，走向新的世界。

虽然对于我来说，抱着"旧人类的生活方式也挺好"的想法悠哉地生活倒也不错，但我们似乎已经站在了微观生物世界的前沿，正在见证着人类历史的转折。

6　通过对受精卵进行基因编辑，可以按照父母的需求对婴儿的外表、智力、体力以及易得疾病进行设计的技术。

进行曲霉菌品种改良的日本人

在结束了宛如科幻小说一般不切实际的话题之后，让我们重新回到现实生活中看看发生在我们身边的故事。其实，基因编辑技术早已不是什么新鲜玩意儿了，无论是前些年备受关注的转基因技术，还是如今精确度更高的crispr-cas9技术，根本上都是人类在改造生物以使它们向更有利于人类的方向发展。按这个思路来看，作为日本发酵文化象征符号的曲霉菌（日本曲霉菌）或许已经属于早期的"被人类改造的生物"了。

东京大学的名誉教授——北本胜广[7]，是曲霉研究的权威人士。他曾经提出，"日本人通过长时间对曲霉菌的驯化，是否已经对曲霉菌品种进行改良"的学说。北本教授通过基因序列比对，发现日本曲霉菌与一种野生的黄曲霉的基因序列有99%以上的相似度。这说明日本曲霉菌和野生的黄曲霉是非常近的近缘种。但是，这1%的差别又是什么呢？让我们来看看日本曲霉菌和黄曲霉相比，有哪些不同：

一、日本曲霉菌不含霉菌毒素；

二、日本曲霉菌中帮助酒和调味料发酵的分解酶活性

7　原名北本勝ひこ。现任日本药科大学药学部教授。——译者

较强；

三、日本曲霉菌不易变质，较容易稳定地培养（复制繁殖）。

以上三点，还真的都是对人类有益的特点呢。至于为什么日本曲霉菌会有如此特性，难道不是被叫作"种菌屋"的从事曲霉菌培育和贩卖的工厂的功劳吗？这所谓的"种菌屋"，会将有曲霉菌繁殖能力的孢子，打包成一种名叫"种菌"的粉末进行贩卖。要说到它们的历史，那可要追溯到上千年以前人类一代又一代持续不断对种菌的培养了（如今，从日本东北地区到九州地区大约有十家这样活跃的种菌屋）。

种菌屋的商业模式，就是给全国各地的酒窖、味噌窖、酱油窖提供开始发酵的种菌，并倾听客户的声音对种菌进行改良。比如：

"我们想要制作酒酵母喜欢的甜口曲。"

太好了！最喜欢人类了！

从水稻上获得日本曲霉菌，然后进行品种改良！

"我们想要制作对高浓度鲜味物质有强抗性的曲。"

针对这些顾客的需求，种菌屋便会开始新商品的开发。就是在这样上百年的经营模式下，原本不好控制、稳定性不高的野生曲霉菌，渐渐像家畜一样变得十分适合用作发酵食品的生产。就像古代将狼驯化成狗一样，种菌屋在上百年的时间里，将野生霉菌驯化成"听话、忠诚"的曲霉菌。然后，这样被驯化的曲霉菌通过大范围的培育，形成了日本饮食文化中重要的基础。

本书的读者，您在听了这番话后有什么样的想法呢？

"古代日本人传统的智慧，真是了不得啊！"

"什么……为了人类的欲望而改变其他生物，真是可怕的想法啊！"

无论您持哪种观点，都没有对与错之分。没错，这样的行为你既可以说是"人与自然和谐共处"，也可以说"人类为了自己单方面改变自然"。也就是说，我们现在生活在列维－斯特劳斯所说的"热"社会和"冷"社会共存的时代。看起来仿佛活在"冷"社会规则里的日本传统文化，也有和现代人完全一样的"追求变化和创新"的愿望。在这里我们又可以看到，人类在面对伟大的自然时的谦逊和面对物质自然时想要改变的傲慢同时共存，这就是人类根源上的两面性。

曲霉菌的家畜化，以及运用 crispr-cas9 基因编辑技术，遵循的难道不是同一条发展之路吗？

"日本化"的发酵，是什么？

四面环海的岛国日本，历史上一大半的时间都处在"封闭的世界"。当然我们也和外国进行了一些贸易活动，但仅限于少量的加工品和文物。像建造新城镇需要的木材、石材，以及建筑工人，都没有办法从外部引入（古罗马和中国有很多这样的经验）。也就是说，日本在历史上大部分的时间里，都过着自给自足的生活。

在这样受到物理性制约的环境中，日本形成了独具自己气候风土特征的"人与自然的相处模式"。比如，即使我们人口密度也不低，却发展出了保护森林和水资源可持续发展的方法。这就是我们以百年为单位高度细致化的林业发展规划，以及为了不让土地干涸而发展至今的水田促进方案。如今走在日本，你会发现无论多么偏僻的地方都有人烟。在日本，完全没有人的地方也仅限于很少的一部分离岛和深山。在其余的地方，都是自然与人类和谐相处的村庄——人类既不会想着不开发自然，也不会赶尽杀绝。村民恰到好处地获取自然的恩惠，也恰到好处地给自然带来生命的循环。正是这份"恰到好处"，让可持续发展得以实现。

恰到好处地敬畏自然，恰到好处地利用自然。我十分喜欢宫泽贤治的童话中描述的日本人与自然之间那种松弛的感觉。对于日本人来说，自然是赐予我们恩惠的存在，但自然又时常会带来灾难。因此日本人为了让恩泽持续下去，在平日里会时刻关注自然，并做好充分的防灾措施。

日本人对于自然的这种态度，在和生物相处方式上也体现得淋漓尽致。

当日本人发现曲霉菌的用途后，便像照顾村庄里的森林一样，日复一日年复一年地饲养改良它。同时，大家还会像崇拜神灵一样敬畏这些曲霉菌，并会在酒初酿成时供奉给神灵。

对于曲霉菌，日本人并没有从一开始发现它是会带来灾祸的恶魔就彻底远离，也没有在发现它好像可以为人类所用后就一下子用尽用绝。日本人这种松弛的态度，简直体现了无法从外部获得太多资源的社会得以实现可持续发展的大智慧啊。

日本人以这样的精神凝练出以曲霉菌为代表的日本发酵文化，而且从近代明治时代以来，也在微生物学界获得了众多可以与欧美等国比肩的创新成就。其中，在明治至大正时期十分活跃的微生物学者、企业家高峰让吉，在1894年发明的"TAKA-DIASTASE"健胃药，在日美引起了巨大的反响。这是利用曲霉菌的一种消化酶首次实现批量化生产的商品，也是一次"日本传统与现代科学技术"的完美结合。在高峰让吉之后，日本国内就开始有很多利用微生物来获得"发酵副产物"的创新之举，发酵技术也渐渐深入现代大众工业，并占据了重要的一席之地。

从我自身经验而言，当我在和海内外的很多微生物学家接触时，也切身体会到他们对日本微生物学研究由衷的崇敬。尤其在有关人体肠道环境和再生医疗领域的基础研究，日本有很多处在最尖端的课题。我不是一个喜欢听"日本最强"之类浮夸称赞的人，但在自己走进微生物世界的大门时，也不禁常常对日本在此领域的贡献钦佩不已（当然别的国家也有很多领域受到同样的崇敬）。这里说的领先，不仅是取得的专利数，或者有多少相关研究机构这样"量"的领先，有关"质"上的独特性，日本也受到了全世界的关注。

我认为我们日本可以在微生物界取得这样的成就，离不开我们从古至今对"看不见的自然的崇敬"之情。仿照某足球漫画的口吻，对于日本人来说："细菌，是我们的伙伴，它并不可怕！"

没错，只要仔细观察，总能在看不到的世界里发现可以为我们所用的好的微生物。然后，就是要用生物科技的力量将它的优点放大开发。这就是发酵在日本"光明的未来"吧！

发酵的发展之路，也通向人类的发展之路

最后我们进入总结部分。

以发酵为代表的生物科技的未来在何处？这个问题仅仅在科学的世界中是没有办法找到答案的。科学是寻找和解释"对所有人都普遍适应的原则"。因此，虽然科学为人类带来很多的可能性，但它对讨论人类能走向何处这个命题来说是没有意义的。因为科学讨论的是自然界普遍的现象，比如地球上无论何地的物体，都受到重力吸引，地球上所有的生物，都由 DNA 合成蛋白质来完成生命活动。没有人会说"我是不受重力控制的自由人！"，因为我们目前还无法脱离大气圈生存。所以说，科学规定了普遍的现象规律，但与"个人的价值判断"无关。

在这个原则下，让我们重新来讨论——发酵，究竟是什么？又会走向何处？

我们曾在第四章说到，发酵可以从化学的角度来定义，也在这一章讲到，发酵所讨论的生物现象可以用微生物的基因转写的过程解释。但我们也在第五章讨论过，发酵食品对我们感性层面来说是没有普遍性的，它随着时代而变化，它只是你在某一时刻、某一个特定的地点，心里荡漾起的一层独属于你的涟漪。

这酒好好喝！这味噌汤真美味！当你发出这样的感叹

时，是物理现象和抽象信息的统合产生的结果，这就是所谓的"感性"。感性，是与你所在的时代、成长的环境以及你经历了怎样的人生有关的。

另外，感性是独特的。通过围坐在餐桌旁一起享用午餐，同时与他人进行各自"感性"的交流，可以加深彼此的感情羁绊。

像这样"围坐在餐桌旁"通过感性的交流实现沟通的过程，我们称作"文化"。

发酵，是有科学支撑的实现文化构建的一种方法。我们捕捉肉眼看不见的世界传来的信息，与微观世界的生物日夜相处，并为我们的生活增添乐趣。这里不仅需要对自然敏锐的观察力，也需要可以花费功夫设计自然的灵巧的双手，当然，也少不了既可以享受成就感也愿意与人分享的心。以上，所有这一切的要素构成了"发酵文化"。而通过发酵文化发现人类社会未知的秘密的学问，就是"发酵文化人类学"（又回到了最初的话题）。

菌是我们的好朋友！

也就是说，冒着小气泡的葡萄酒果汁对于"文化"的发展是没有意义的。当人类端起酒杯，喝到嘴里后感叹一句"好酒！"，这一刻葡萄酒才有了其文化意义。所谓发酵文化，就诞生于人类赋予肉眼不可见的自然现象以新的意义的瞬间。

如今，我们已经掌握了可以设计自然的技术。技术的出现是为了带领我们走向"更加幸福的世界"，至于"什么是幸福？"，答案却在我们每个人的心中。目前可以看到的是，除了回归传统和破坏性发展两条道路，还有第三条道路是有关赋予科学技术以人类"感性"的文化意义（否则，或许也会进入没有神灵的"新人类"时代）。

在日本这片土地上，无论从南到北、从东到西，在每个角落都可以感受到人类和自然和谐共生的气氛——人类守护着自然，自然给予人类源源不断的恩惠。在这种多样性的文化氛围中，诞生了"发酵文化人类学"的艺术舞台。而舞台上的主演，则非你莫属。当你在尝试自己手作味噌时，当你和亲友围坐在餐桌旁讨论食物时，你就在上演着千年的文化传承并将其传递给了身边的人。

让我们像酿一壶美酒一般经营这个幸福美好的世界吧！

注释

第七章的主题是"生物科技和人类的未来"。

这一章我们从发酵生物学上广义的定义出发，讨论了今后人类将如何利用生物科技改变与自然的关系。

本章中有关基因和生命机理的解析大多来自美国大学普遍使用的《大学生物教科书》，这本书我反复认真学习过多遍，其中有很多简明易懂的插图解析，很适合用来学习生物学基本的知识。本章主要依据其中第一章《细胞生物学》和第二章《分子遗传学》的内容做了详细解说。如果能将这本书的五个章节内容全部理解，你甚至可以阅读一些最前沿的科学论文了。

有关转基因技术和crispr-cas9基因编辑技术的部分，我参考了科学记者小林雅一在2016年发表的《基因编辑中的"DNA剪刀"——crispr-cas9技术带来的冲击》中的大纲部分。如今crispr-cas9基因编辑技术，应该已经应用于大多日本大学的研究室中。如果有英文阅读能力的话，可以尝试着通过网络查询具体的操作流程。

有关曲霉菌（曲霉菌属真菌）的品种改良部分，全部来自曲霉菌研究"第一人"、东京大学农学部名誉教授北本胜广的《日本料理中鲜味的秘密》一书。书中所讲述的故事也出现在电影《千年一滴的酱油》中，对发酵有兴趣的朋友一定不会陌生。

通常被认为是传统文化象征的"发酵文化"，换一种角度看它就处于生物科技的最尖端。发酵文化，在传统文化与技术革新中间摇摆着，走向新的进化之路。

D. 萨达瓦（D.Sadava）:《大学生物教科书》(讲谈社）

小林雅一:《基因编辑中的"DNA 剪刀"——crispr-cas9技术带来的冲击》(讲谈社）

北本胜广:《日本料理中鲜味的秘密——有关国产米曲霉菌千年的历史》(河出书房新社）

· 有关生命操作的现在的一些思考

〈生命〉とは何だろうか 表現する生物学、思考する芸術：岩崎秀雄（講談社）

· 作为生命科学技术的发酵学

見えない巨人 微生物：別府輝彦（ベレ出版）

· 了解生命科学技术的最新动向

バイオパンク ＤＩＹ科学者たちのＤＮＡハック！[8]：マーカス・ウォールセン（ＮＨＫ出版）

8　中译本为《想当厨子的生物学家是个好黑客》，马库斯·乌尔森（Marcus Wohlsen）著。——编者

结　语

开启下一次冒险！

大家辛苦了！

这次发酵世界的冒险之旅，大家开心吗？

这次的旅行，我们一边走近味噌、酒等日常中常见的发酵食品，一边探讨了其中微生物与人类之间深奥的关系。大家没有在大量的生物学和有机化学专业名词前退却，坚持读到本书的最后，我实在是万分感谢！

在完成这本书的创作后，我来到了奄美群岛。我此行的目的是探索黑糖烧酒和一种叫作大岛绸的染色技术。奄美群岛是位于鹿儿岛和冲绳之间由大大小小八个小岛组成的群岛（有些类似特罗布里恩群岛），历史上长时间归属于琉球王国统治，后与萨摩藩家族合并。这一次我来调查的黑糖烧酒和大岛绸，都孕育于琉球文化，后从九州传入日本各地作为"文化交流的桥梁"。

黑糖烧酒，是用奄美的特产——甘蔗熬出的黑糖，酿制而成的蒸馏酒。这种蒸馏酒是将米曲和黑糖混合制成醪之后，经过多次蒸馏形成的酒精度数在40%以上的高度酒。懂酒的朋友看到这样的制法时可能会发出疑问，"这与其说是烧酒，不如说是朗姆酒[1]吧?"但如果有机会可以去当地的酒窖看看，你会发现，"与其说这是朗姆酒，不如说是正宗的泡盛酒"。泡盛酒是一种特产于琉球的蒸馏酒，是用充满热带风情的黑曲霉菌酿造而成的，是东南亚酒文化浓墨重彩的一笔。

我去见学的富田酒厂(以"龙宫"系列而在当地负有盛名)，在用黑曲霉菌制作的米曲中，添加了黑糖进行发酵。所以，富田酒厂酿制的黑糖烧酒与普通大厂酿制的普通黑糖烧酒不同，它不仅有朗姆酒一般的诱人香气，还有通过泡盛酿制后的独特的厚重口感。如果你不加冰或水勾兑，直接饮用原酒，可以品尝到类似于苏格兰威士忌的风味和充满热带风情的味道。富田酒厂的黑糖烧酒，实在是一款神奇的好酒!

至于大岛绸，作为奄美特色绢织物闻名全国。它通过生长在奄美的蔷薇科植物厚叶石斑木的树皮汁水染色而成。将手纺而成的绢布浸入天然染料之后，在绢布上涂上泥巴固定色素。这个过程厚叶石斑木和土壤中的微生物因为发酵会咕嘟咕嘟产生气泡，这或许和蓝染、柿染技艺一样，通过微生物间复杂的相互作用将天然色素固定于布料中。但遗憾的是，现在还无法解释其中的发酵原理。布料第一次上色呈粉红色，但随着多

1　多见于中南美洲，是一种用甘蔗榨出的汁水酿成的蒸馏酒。

次上染会渐渐变为褐色，最后会形成大岛绸独特的深黑色。可见，发酵技术不仅仅应用于食品，在纺织领域也在大放异彩。

大岛绸，在纺织谱系上的发展可以追溯到印度和爪哇岛一带的绊织（由经线和纬线交错纺织的技术）。大岛绸从陆地漂洋过海扎根于岛屿，最终在奄美地区融合当地特色，发扬光大。

我这次去参观了金井工艺染坊从原料加工到染色的全过程，感受到亚洲大陆文化与离岛文化似乎靠着纺织技艺相连。

"等等，小拓！最后这部分不是应该对全书做一个总结吗？你在讲什么……"

别担心，我会好好地做个总结的。以上的内容我是想表达："如果再深入发掘一下日本的发酵文化，可以发现它与跨越海洋的文化都是一脉相承的。"

我为了探索黑糖烧酒的渊源来到琉球，而琉球文化又和中国台湾地区文化息息相关；我继续探索大岛绸的文化传承，又可以发现它与印度及爪哇的岛国文化薪火相传。如今在日本甲州得到本土化发展的地产葡萄酒，开始于欧洲葡萄酒文化的传入；即使本书中着重介绍的日本曲文化的部分，如果深究到源头也与东亚各国文化相通。

虽然我在本书中好像一直厚脸皮地强调：

"日本是世界独一无二的发酵大国……"

但我其实还没有将发酵文化深入发掘到那种程度。研究文化人类学的基本方法是比较法。在这里，我们只是通过在一定程度不同的文化之间的比较，渐渐看到日本发酵文化的一些独特之处而已。

所以，我总有一天会踏上下一次"发酵世界的冒险"的旅行。从日本的离岛开始，走向东亚，然后继续往西，寻找日本文化的源头……也许我也会发现与日本文化完全不同的发酵文化。让我们一起去品尝美味的发酵食品、去探索未知的微生物世界，让我们一起期待下一次欧亚大陆的冒险之旅！

那么，就让我们下次在海外再会吧！

我是发酵设计师小仓拓！

世界各地的酿造家和发酵工作的参与者们，请多多关照！

谢谢大家！